Di cosa avevano paura?

Il cimitero degli infanti di Poggio Gramignano in Umbria

David Soren, Delaney Fisher, Roberto Montagnetti, David Pickel and Jordan Wilson

Sponsorizzato dalla Fondazione Joseph e Mary Cacioppo

innovativeink
PUBLISHING
A Division of Kendall Hunt

innovativeink
PUBLISHING
A Division of Kendall Hunt

www.innovativeinkpublishing.com
Send all inquiries to:
4050 Westmark Drive
Dubuque, IA 52004-1840

Print ISBN: 979-8-3851-3891-3
Ebook ISBN: 979-8-3851-3892-0

Published in the United States of America

Di cosa avevano paura?
Il cimitero degli infanti di Poggio Gramignano in Umbria

"Mi svegliai sentendo come se un fulmine attraversasse le mie gambe e poi si diffondesse nel mio corpo e nella mia testa. Probabilmente i peggiori dolori, brividi e mal di testa che avessi mai potuto immaginare. Sembrava che venissi ripetutamente colpito da una pistola elettrica e riuscivo a malapena a controllare i miei movimenti. Il dolore era così intenso che credevo veramente di morire, piangendo letteralmente dal dolore che era così forte che fui portato in una clinica alle 3:00 del mattino"[1].

Questa è una descrizione contemporanea dei sintomi della malaria come riportato dal magnate americano Bill Gates. Ma come doveva essere questa malattia intorno al 450 d.C. senza le cliniche e senza le conoscenze biomediche moderne quando si diffuse all'interno di una piccola comunità agricola situata lungo il fiume Tevere in Umbria, circa 100 Km a nord di Roma, tra i piccoli paesi di Lugnano in Teverina e Attigliano? (Figura 1). Di certo questo evento causò molti aborti alle donne incinte e fu capace di uccidere molti bambini piccoli e probabilmente anche le loro madri e padri in numeri rapidamente crescenti.

L'epidemia stessa, se causata dal parassita del *Plasmodium falciparum*, come abbiamo suggerito nel nostro lavoro, si sarebbe probabilmente manifestata in modo orribile, sviluppandosi in forse meno di una settimana e causando, poiché non poteva essere trattata, una miriade di sintomi terribili tra cui un aspetto itterico o giallastro, brividi, sudorazione, aumento della frequenza cardiaca, respiro affannato, milza e fegato dolorosamente ingrossati, coagulazione del sangue con piccole macchie viola sulla pelle, ingiallimento della sclera degli occhi, rossore della pelle e dolore addominale[2].

Senza risposte comprensibili a questo grande *shock*, gli abitanti terrorizzati fecero appello alle credenze tradizionali e ai rituali magici eseguiti dai *leader* religiosi piuttosto che nella fede cristiana, con la speranza di mitigare l'impatto della malattia.

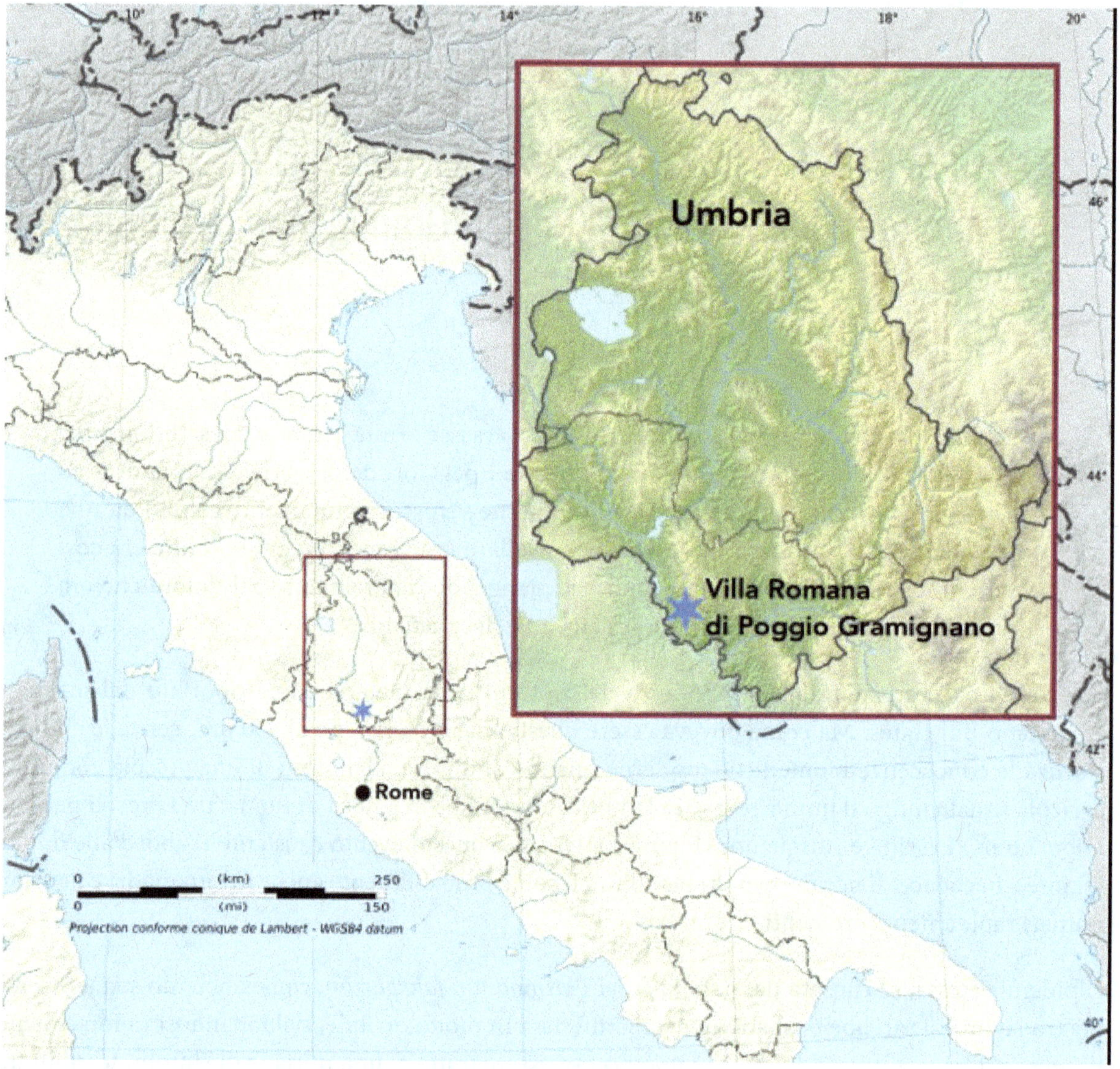

FIGURA 1 Mappa che mostra la posizione della villa romana.

L'obiettivo di questo studio è quello di tentare di comprendere come l'antica comunità locale che ha realizzato il cimitero di Poggio Gramignano ha reagito di fronte a questa crisi sanitaria, combattuta tra credenze tradizionali e cristianesimo. Cosa è successo, come si sono comportati e di cosa avevano paura?

LA SITUAZIONE DI BASE

L'evento si verificò nel sito di Poggio Gramignano, un'area collinare che sovrasta il fiume Tevere, nel Comune di Lugnano in Teverina, a circa 5 Km dal paese (Figura 2). Qui furono sepolti, in un lasso di tempo molto breve, 62 individui quasi completi, molti dei quali feti o morti in età perinatale insieme a infanti e bambini, tra cui uno di circa 8 – 12 anni alla morte.

Il sito fu scoperto nel 1984 e identificato da subito come una villa romana del 30 a.C. circa (Figura 3). Solo nel 1986, il *team* di ricercatori dell'Università dell'Arizona scoprì che nelle rovine della villa, intorno alla metà del V secolo d.C., fu installato un cimitero di bambini nelle Stanze denominate 10-12, 15 e 17 (Figura 4). Questo cimitero fu il luogo di sepoltura per le vittime di quella che abbiamo ipotizzato essere un'epidemia di malaria da *Plasmodium falciparum*, suggerita dopo le ipotesi iniziali del gruppo di ricerca dell'Arizona e dei successivi test indipendenti di Robert Sallares e Jamie Inwood[3] (Figura 5). Confinati alle stanze della villa rivolte a ovest, queste sepolture includono nove feti, 21 individui perinatali, 30 neonati sotto l'anno di età e due bambini (uno di 2-3 anni e uno di 8-12 anni); quindi la maggior parte varia in età da circa 6 mesi lunari (gestazione) a 1 anno[4].

FIGURA 2 Veduta di Poggio Gramignano (in fondo, a destra rispetto al centro dell'immagine) da Lugnano in Teverina.

FIGURA 3 Ricostruzione della villa romana del 30 a.C. circa scoperta nel sito di Poggio Gramignano vicino a Lugnano in Teverina con vista sul fiume Tevere.

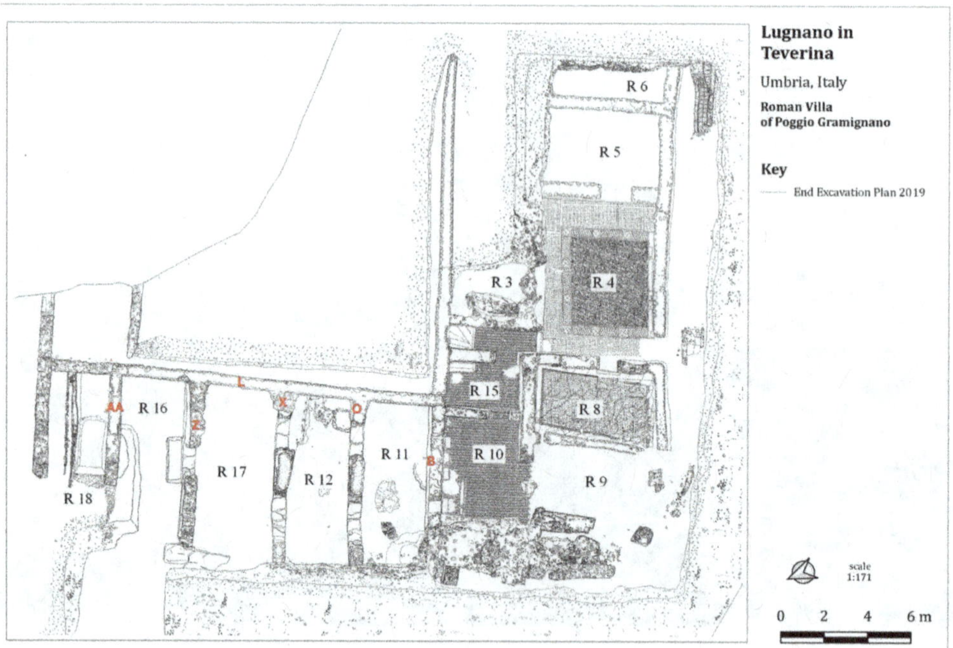

FIGURA 4 Pianta della villa romana che mostra i magazzini - Stanze 10, 11, 12, 15 e 17, che furono convertiti in un cimitero infantile alla metà del V secolo d.C.

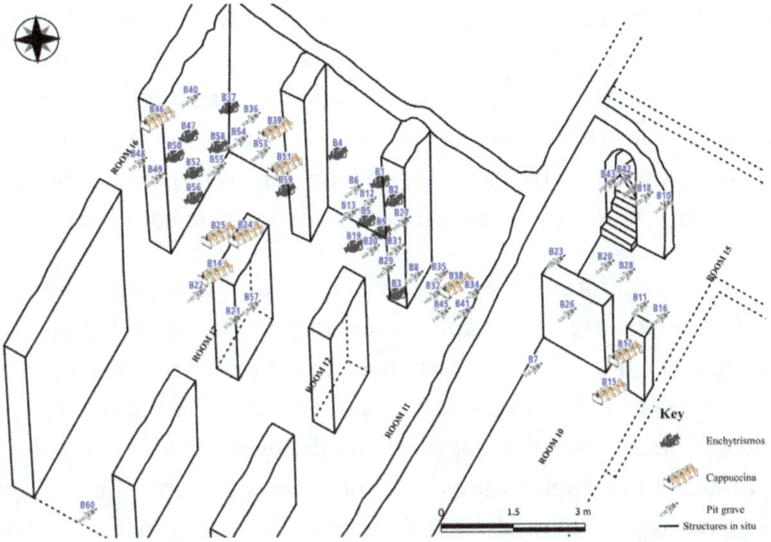

FIGURA 5 Vista assonometrica delle varie tombe individuate nel cimitero infantile di Poggio Gramignano. Il termine "pit grave" equivale alla semplice inumazione.

La gravità e l'intensità di questa epidemia causò un numero di morti in rapido aumento non solo tra i feti e i bambini di quella comunità ma, se le nostre ipotesi sono corrette, anche tra gli adulti. Come nelle aree in cui la malaria è endemica al giorno d'oggi, le donne incinte furono probabilmente le più gravemente colpite. Essa colse la comunità di sorpresa. In assenza di resti adulti è difficile stimare la mortalità causata da questa malattia, sebbene esempi moderni ci diano un'idea, poiché anche nel 2021 ci furono oltre 619.000 morti in tutto il mondo, di cui il 77% erano bambini sotto i cinque anni di età. Le morti nel cimitero di Poggio Gramignano devono aver spaventato e confuso i sopravvissuti poiché la situazione continuò per un mese o più, nel caldo intenso di luglio-agosto del 450 d.C. circa[5].

IL CIMITERO DEGLI INFANTI

Doveva essere scelto rapidamente un luogo di sepoltura per seppellire i nascituri che erano morti e che continuavano a morire. Il sito più adatto a questo scopo risultò un luogo altrimenti inutilizzabile, vale a dire le rovine di una villa che occupava gran parte della grande e poco scoscesa cima della collina di Poggio Gramignano. Si necessitava, infatti, di un posto appartato dal momento che le anime dei bambini morti erano ritenute ampiamente pericolose. Questo perché il loro ciclo di vita incompleto non era mai stato raggiunto e la forza vitale di tali creature poteva essere sfruttata per incantesimi e pozioni o per la diffusione del male da parte di demoni o streghe, come verrà discusso più avanti (Vedi *Infra*, nota 70). Poggio Gramignano si trovava forse ad una considerevole distanza da altre comunità dei vivi, sebbene non sia ancora stata confermata l'esistenza di altri insediamenti coevi limitrofi. In ogni caso, le rovine della villa avevano ormai poco valore. Inoltre, seppellire infanti in uno spazio un tempo abitato dai vivi riecheggiava tradizioni precedenti, dimostrando ulteriormente il legame tra la comunità dei vivi e le loro credenze e le loro pratiche tradizionali (Vedi *Infra* nota 7).

Alcune delle sepolture infantili furono realizzate riutilizzando i laterizi del tetto della villa in rovina per costruire tombe caratterizzate da una copertura costituita da coppi (Figura 6), o alla cappuccina (Figura 7), e altre simili (Figura 8). In altri casi, invece, vennero riutilizzate delle anfore da trasporto o pezzi di esse, originarie principalmente dall'Africa del Nord, per un tipo di inumazione nota come *enchytrismos* (in greco antico, esporre o seppellire un infante in un vaso o pentola) (Figura 9). Infine, per altre ancora si trattava di semplici inumazioni nella terra (Figure 10 e 11). Le offerte funerarie, come abbiamo visto, variavano dall'inesistente al semplice, ma erano spesso di significato rituale[6].

Ovviamente, la morte causata dalla malaria da *Plasmodium falciparum* avrebbe riguardato anche gli adulti, di cui, tuttavia, non sono state ritrovate le sepolture e non sappiamo ancora dove possano trovarsi. È possibile però che esse non siano molto lontano, forse qualche centinaio di metri più a nord-ovest lungo la collina di Poggio Gramignano, tra le altre rovine del sito recentemente rivelate dalle indagini non invasive e che potrebbero appartenere all'area di produzione della villa stessa. Tali indagini saranno discusse all'interno del nostro secondo volume sulla villa.

L'analisi archeologica delle sepolture infantili e dei relativi rituali funerari rappresenta la migliore opportunità per comprendere come le donne affrontassero realmente la morte infantile e il lutto, dal momento che le fonti storiche e le rare rappresentazioni non ci danno molte informazioni a riguardo. Fino al tardo terzo - quarto secolo d.C., i nati morti o i morti appena nati potevano essere o non soggetti ad una sepoltura vera e propria o sepolti "*suggrundaria*", termine che significa letteralmente sotto le gronde o, più in generale, intorno alla casa, piuttosto che in un cimitero vero e proprio. Tuttavia, gli studi di Maureen Carroll denotano come, in realtà, gli infanti di meno di un anno erano comunque presenti anche in quasi tutti i cimiteri italiani indagati dell'era romana

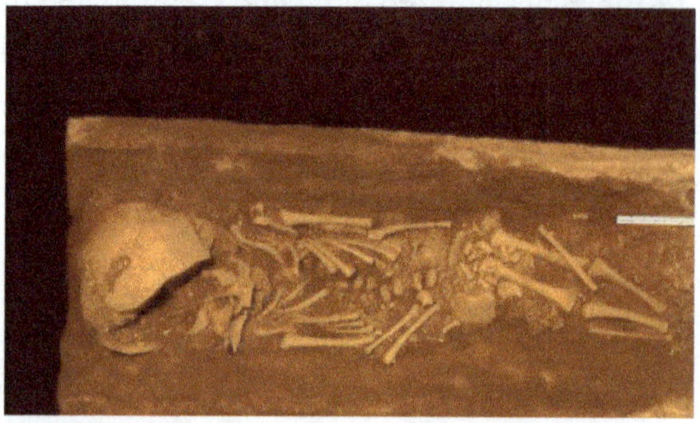

FIGURA 6 Sepoltura B37 all'interno della Stanza 17 dopo la rimozione della tegola di copertura della tomba e con il coppo su cui fu adagiato il bambino di 9,5 mesi lunari.

FIGURA 7 Sepoltura B39 di un neonato di 4-6 mesi all'interno della Stanza 17. La tomba è del tipo a cappuccina, mostrata prima dell'apertura, con copertura di tegole a spiovente e tegole piane sul fondo su cui era posizionato il corpo all'interno della struttura.

FIGURA 8 Sepoltura B40 all'interno della Stanza 17 prima dell'apertura, contenente due neonati: uno di età compresa tra la nascita e due mesi e l'altro tra quattro e sei mesi di vita. Si tratta di una tomba a cappuccina con la copertura realizzata però in coppi mentre altri materiali di riutilizzo sono stati impiegati per il fondo e i lati della struttura.

FIGURA 9 Sepoltura B1 ritrovata all'altezza della soglia che separa la Stanza 11 da quella 12, contenente un neonato (scheletro ricostruito da Walter Birkby) di 10 mesi lunari all'interno di un'anfora di tipo spatheion frammentata.

sepolti insieme a bambini più grandi e adulti[7], nonostante la loro proporzione fosse molto inferiore rispetto a quella degli altri individui, con una percentuale stimata tra il 20-30% sul totale delle sepolture[8]. La pratica di seppellire i bambini in un cimitero a parte o in una sezione distinta del cimitero degli adulti appare comunque ben consolidata nella dottrina cristiana a partire dal quinto secolo[9].

In quest'area rurale dell'Italia intorno al 450 d.C., nonostante il cristianesimo stesse diventando sempre più dominante, permanevano ancora delle pratiche e culti apotropaici precedenti, inclusa la stregoneria

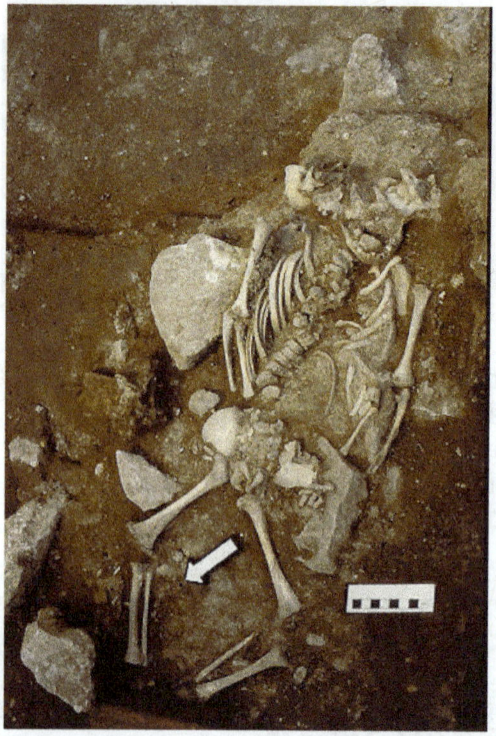

FIGURA 10 Sepoltura B36 di un bambino di 2-3 anni trovato con il cranio (non mostrato) a sud-est e con una piccola pietra in bocca. Si tratta di una semplice inumazione nel terreno. Il corpo era appesantito con un ciottolo sulla mano destra e una pietra lunga 13 cm sulla mano sinistra. I piedi erano appesantiti con una grande tegola e un concio squadrato.

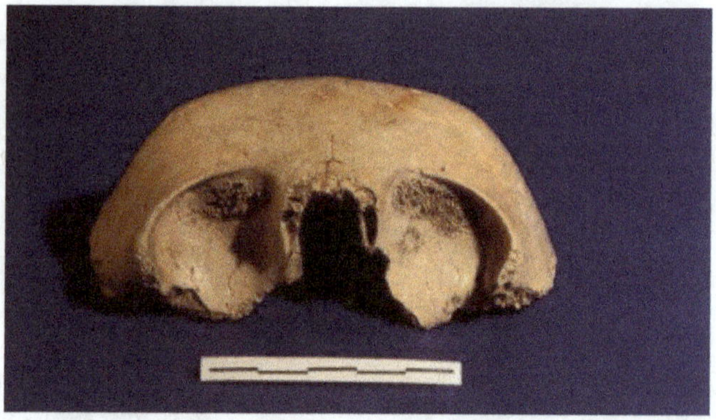

FIGURA 11 Porzione superiore del cranio dalla Sepoltura B36 che mostra segni di *cribra orbitalia* sulla parte superiore dell'orbita dell'occhio.

e i talismani con i quali si cercava di arginare quelle che venivano percepite come influenze maligne. Gli antichi abitanti di Poggio Gramignano, infatti, non potevano comprendere le malattie (come, ad esempio, la malaria) nello stesso modo in cui le conosciamo noi oggi, attraverso la moderna ricerca biomedica e tentavano di quindi arginarle a modo loro. Probabilmente quello che realmente stava accadendo era la diffusione di un'epidemia a loro sconosciuta che toccò il suo apice di diffusione nella stagione calda e progressivamente scemò con l'abbassamento delle temperature, e che sicuramente colpì anche altre comunità lungo il Tevere. Pertanto, essi cercarono di porvi rimedio reiterando vecchie usanze considerate tradizionalmente abbastanza efficaci. Ma quali erano queste vecchie usanze e di cosa avevano paura[10]?

L'ATTEGGIAMENTO DEI ROMANI VERSO LA MORTE E LA SEPOLTURA INFANTILE

In passato gli studiosi affermavano che i Romani erano indifferenti alla morte e al lutto infantile. Questa credenza derivava principalmente da varie fonti letterarie antiche che prescrivono periodi di lutto e/o pratiche di sepoltura differenziati a seconda dell'età del bambino o che sminuiscono emotivamente la morte dei bambini[11]. Tuttavia, la commemorazione di infanti e bambini nei cimiteri indagati in tutta Italia e nelle province romane dell'impero riflette una realtà opposta. Come dimostrato dal lavoro di Carroll, Norman, Wilson e altri, la situazione è molto più complessa[12]: bambini e infanti appaiono infatti essere considerati membri effettivi delle loro comunità e la loro morte era di certo sentita con dolore. Esistono infatti le prove che la *mors immatura* (morte precoce) fosse oggetto di cordoglio e, di conseguenza, di azioni rituali intraprese in sua risposta che caratterizzavano il modo in cui i bambini morti venivano sepolti, specialmente in periodi di *stress* causati da epidemie. Alcuni di questi aspetti della sepoltura infantile sono stati messi in luce nel nostro studio del cimitero infantile di Poggio Gramignano (Lugnano in Teverina).

Come sottolineato da Wilson, le fonti letterarie a cui gli studiosi fanno riferimento per comprendere il lutto infantile da parte dei genitori nel mondo antico provengono principalmente da una minoranza elitaria maschile[13]. Questo approccio trascura la prospettiva delle donne e delle classi "non-elite" rurali, che presumibilmente costituivano la maggioranza della popolazione utilizzatrice del cimitero di Poggio Gramignano. Infatti, numerosi autori romani delineano un ruolo marginale per infanti e bambini all'interno della loro società. Ad esempio, Plutarco, Cicerone, Paolo e Ulpiano suggeriscono livelli di lutto inesistenti o moderati a seconda dell'età del bambino[14]. Giovenale e Plinio riportano che i bambini che non hanno ancora sviluppato i denti sono considerati troppo giovani per essere cremati sulla pira funeraria[15]. Ci sono anche indicazioni che gli infanti fossero considerati "non-persone", paragonati a piante o visti come individui privi di anima[16]. Nonostante ciò, nelle stesse fonti, troviamo anche frammenti di riflessioni sull'esperienza delle donne in queste circostanze. Plutarco afferma che le madri romane provavano un dolore folle per la morte dei figli e diverse altre fonti criticano gli uomini per aver elaborato il loro lutto come le donne. Lo stesso Plutarco esprime in un suo scritto il proprio dolore personale per la perdita della figlia esortando gli uomini non tanto a piangere per la loro figlia ma piuttosto a "custodire la sua memoria, la quale contribuirà in molti altri modi alla loro gioia più che al loro dolore", e li invita a piangere in modo relativamente privato[17]. Altre rappresentazioni compassionevoli della morte infantile nel mito, come quella di Ofelte nella Tebaide di Stazio o degli spiriti infantili prematuramente morti e piangenti nell'Eneide di Virgilio, smentiscono, ancora una volta, l'idea che i Romani fossero apatici verso la morte dei bambini e rendono questa teoria troppo semplicistica e non sempre vera[18].

L'esempio dell'Eneide richiama anche al concetto di *mors immatura* e fu citato da Émile Jobbé-Duval oltre un secolo fa, quando osservò che i bambini e altri individui morti prematuramente rappresentano una minaccia per i vivi[19]. Questa categoria di morti pericolosi potrebbe giustificare rituali di sepoltura non convenzionali, come il seppellimento del corpo in posizioni strane o l'appesantimento dello stesso con pietre o altri materiali per impedire il ritorno dei defunti, o l'inclusione di oggetti funerari apotropaici. Tuttavia, tali rituali non erano solo mirati a proteggere i vivi dai morti prematuri, ma anche a proteggere i defunti stessi dalla stregoneria e ad aiutarli a riposare in pace, dimostrando al contempo un certo grado di cura e rispetto per i giovani defunti.

Le evidenze archeologiche mostrano chiaramente che una certa percentuale di infanti non venisse sepolta attraverso un rito formale, probabilmente a causa del basso stato sociale o delle limitate risorse economiche dei genitori. Le osservazioni di Plinio sulla pratica di inumare i neonati sono valide nella maggior parte dei cimiteri romani in Italia, sebbene vi siano eccezioni, come a Porta Nocera e in alcuni siti della Gallia, dove gli infanti venivano cremati[20]. Infanti e bambini sono frequentemente sepolti con corredi funerari che variano da oggetti per l'infanzia a manufatti più generici, come lampade o monete. Ad ogni modo, solo alle sepolture di bambini di età superiore a un anno sembrano essere associati reperti più prestigiosi.

Occasionalmente, vengono adottate misure per scongiurare la stregoneria o placare la *mors immatura* attraverso l'uso di amuleti apotropaici o altri simboli come, ad esempio, i chiodi per "inchiodare" lo spirito del defunto[21].

In conclusione, la cura nella deposizione dei corpi, l'inclusione delle sepolture infantili nei cimiteri e la presenza, all'interno di esse, di elementi di corredo sono tutti aspetti che indicano come gli infanti, in realtà, fossero pianti e avessero una certa identità sociale. Questo contraddice le prove letterarie che erano state precedentemente prese alla lettera dagli archeologi classici. Le caratteristiche tipiche associate alle sepolture infantili e di bambini, stabilite da Carroll, hanno consentito un'analisi più approfondita delle anomalie riscontrate nel cimitero di Poggio Gramignano: l'assenza di tombe di adulti, la crescente frequenza delle deposizioni e la presenza sia di inumazioni "conformi" che "non conformi" rappresentano un caso unico nell'ambito dell'archeologia romana tardo-antica, giustificando un'indagine archeologica speciale per questo cimitero.

REPERTI ATIPICI RINVENUTI NEL CIMITERO INFANTILE DI POGGIO GRAMIGNANO

Quando nel 1987 l'Università dell'Arizona fu invitata dal Comune di Lugnano in Teverina e dalla locale Associazione Pro-Loco a investigare le rovine di Poggio Gramignano, con il *nulla osta* della Soprintendenza dell'Umbria, si pensava fosse soltanto il sito di una villa romana. Tuttavia, dei sondaggi preliminari rivelarono da subito la presenza di frammenti ossei di due probabili neonati, suggerendo che potessero esserci altre sepolture di questo tipo. A quel punto, fu adottato un approccio micro-stratigrafico che includeva nello scavo la presenza di diversi antropologi forensi e un palinologo oltre agli archeologi. Questo sforzo fu premiato quando furono trovate le prime effettive sepolture e le evidenze di un significativo cimitero infantile. Vista la delicatezza delle ossa messe in luce, spesso disturbate da eventi tafonomici, fu impiegato un setacciamento sistematico degli strati scavati con setacci di maglie molto strette che portò al recupero di reperti insoliti e delicati dalle molteplici tombe[22].

Oltre ai resti scheletrici, sono stati ritrovati numerosi altri oggetti che suggerivano il ricorso a rituali magici e apotropaici praticati nell'area sepolcrale. Non tutte le sepolture avevano offerte o si presentavano particolarmente elaborate, suggerendo diversi gradi di lutto, paura e/o povertà da parte delle famiglie. Bisogna considerare, tuttavia, che molte offerte potrebbero non aver lasciato traccia rilevabile dall'indagine archeologica perché costituite da materiali deperibili. I paragrafi seguenti presentano le sepolture da cui sono stati recuperati reperti chiave del cimitero e che hanno influenzato la nostra considerazione su ciò che è accaduto in questo sito.

Le sepolture infantili B8a e B8b, trovate nella Stanza 11, sembrerebbero essere riconducibili a due gemelli di età alla morte compresa tra i 9-10 mesi lunari; insieme ad esse è stata rinvenuta la falange interna della mano di un terzo individuo di età compresa tra la preadolescenza e la prima adolescenza[23](Figura 12). L'usura e il leggero sbiancamento dovuto all'esposizione solare di questo reperto osteologico, insieme all'assenza di altri resti scheletrici riferibili a individui della stessa fascia d'età nelle vicinanze, suggerisce l'ipotesi che potrebbe essere stato raccolto da un'altra località, possibilmente un altro cimitero, dove è stato esposto agli agenti atmosferici, e poi posto qui come offerta.

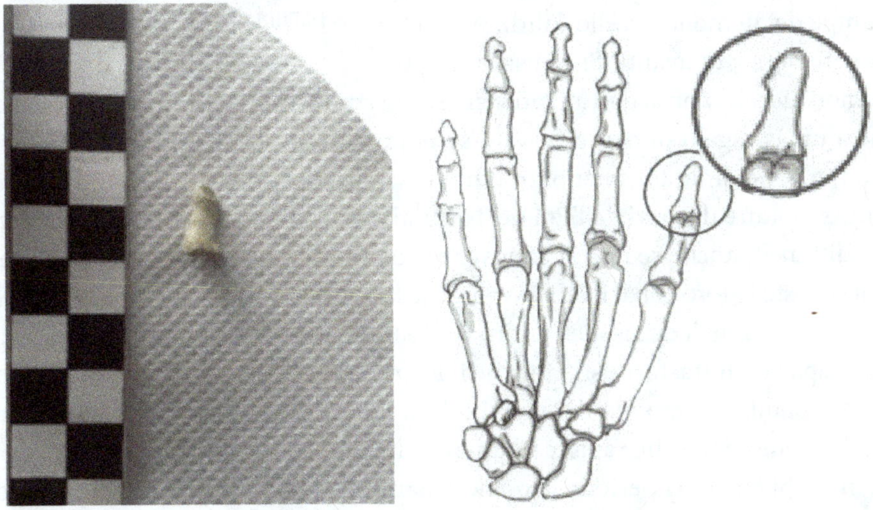

FIGURA 12 Falange di una mano trovata in associazione alle sepolture B8a e B8b di infanti di 9,5 a 10 mesi lunari, probabilmente gemelli, all'interno della Stanza 11.

Un osso umano prelevato da un cimitero sembrerebbe l'opera di un negromante. In questo contesto, potrebbe trattarsi di un individuo considerato una sorta di un γόης (goes), termine derivato dal greco antico che significa colui che pronuncia incantesimi o si dedica alla stregoneria, incaricato di proteggere la comunità. Il suo ruolo potrebbe anche estendersi al lutto per la perdita di qualcuno, poiché il termine deriva dal verbo greco γοάω, che significa gemere, lamentarsi e piangere. Inoltre, potrebbe essere coinvolto nel calmare, placare o facilitare la comunicazione con i morti inquieti attraverso formule magiche e riti speciali, ricoprendo, per questo, un ruolo rispettato all'interno della comunità locale[24].

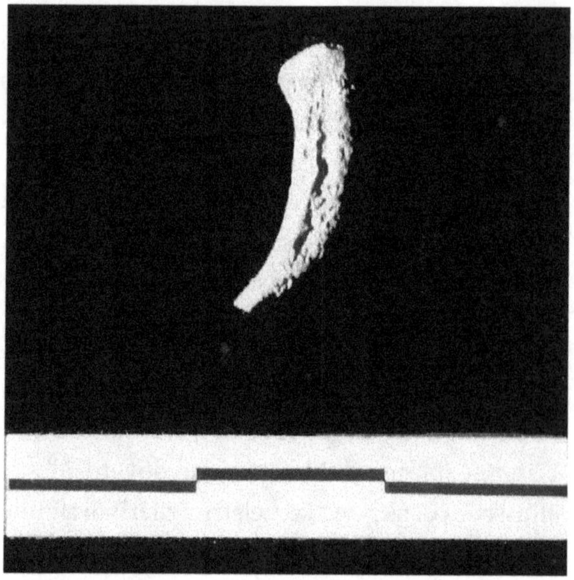

FIGURA 13 Artiglio di corvo trovato in associazione alla sepoltura di un feto di 8 a 8,5 mesi lunari nella Stanza 11.

Sempre nella Stanza 11 è stata rinvenuta la sepoltura B3 appartenente ad un neonato di 8-8,5 mesi lunari, alla quale era associato un elemento di corredo costituito da un braccialetto in lega di rame e il ritrovamento di un artiglio di corvo posizionato direttamente sul corpo del defunto[25] (Figura 13). Quest'ultimo reperto richiama agli artigli di uccello usati dalle streghe e dalla *strix*, evocando uno spaventoso bambino vendicatore, come riportato nell'Epodo V di Orazio e nei Fasti VI di Ovidio e di cui si discuterà più avanti. Allo stesso tempo, tale reperto ricorda gli artigli delle zampe del demone uccello Lilith. Anche di questo si parlerà più avanti. Si pensava, infatti, che i demoni uccello con artigli affilati venissero a strappare i bambini alle loro madri e questa offerta, insieme a un astragalo di ovino trovato sempre in associazione a questa sepoltura, potrebbe aver avuto la funzione di un talismano. In numerosi siti, soprattutto in Inghilterra, del resto, sono state rinvenute sepolture di corvi dall'Età del Ferro al periodo romano, in particolare in associazione con cuccioli di cane[26], anche se non si conosce ancora il motivo preciso di tali offerte. È stato suggerito che i corvi, viste le loro capacità di "parlare", le loro grandi dimensioni, la loro adattabilità ad essere utilizzati come animali domestici, il loro ruolo tradizionale di "profeti di sventura" e persino le loro presunte capacità di trasformisti, nonché il loro colore, fossero in grado di stabilire possibili legami liminali tra l'aldilà e il mondo dei vivi. Inoltre, il loro artiglio richiama, indubbiamente, all'artiglio dell'uccello demoniaco che rapisce i bambini. La pratica del sacrificio del corvo è particolarmente diffusa in Inghilterra nel periodo romano[27]. Sarah Iles Johnston ha sottolineato come essi, essendo principalmente mangiatori di carogne e non uccelli predatori (anche se a volte attaccano animali piccoli o malati), insieme alle loro altre caratteristiche di amichevoli animali domestici e al loro aspetto oscuro e ultraterreno, possano essere considerati dei collegamenti ideali tra i vivi e i morti e come degli intercessori per i defunti.

Anche le sepolture B 20 A e B 20 B nella Stanza 15, sono riferibili a due gemelli di 9,5-10 mesi lunari. Alla sepoltura B 20 A è associato un elemento di corredo costituito da un anello in lega di rame. Un altro anello, invece, è stato trovato accanto al ginocchio dell'individuo inumato nella sepoltura B 22; quest'ultimo, messo in luce all'interno della Stanza 17, aveva un'età alla morte compresa tra gli 8,5 e i 9,5 mesi lunari. Invece una scoria di ferro sembra essere stata appositamente posta sul corpo dell'individuo della tomba B 21, di età compresa tra gli 8 e gli 8,5 mesi lunari, rinvenuto nella Stanza 15.

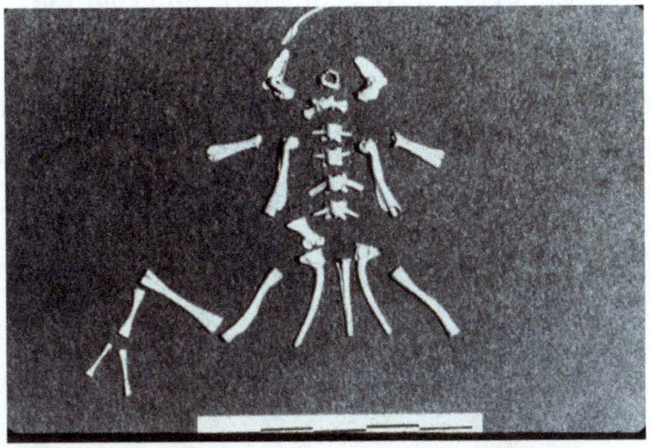

FIGURA 14 Scheletro di rospo trovato in associazione alla sepoltura infantile B33 appartenente ad un individuo di età compresa tra i 6 mesi lunari a due settimane, all'interno della Stanza 11.

Gli individui delle sepolture B 15 e B 17, individuate nella Stanza 10, avevano pochi giorni di vita quando sono morti; in particolare il defunto della B 15 era collocato sotto una tegola di riutilizzo. Nelle immediate vicinanze di queste due sepolture sono stati ritrovati resti scheletrici attribuibili a cuccioli di cane.

Direttamente sopra alla sepoltura B 33, appartenente ad un individuo di età infantile, rinvenuta nella Stanza 11, sono stati messi in luce i resti scheletrici di un piccolo rospo (*bufo*). Tale ritrovamento può essere interpretato o come un'offerta funebre o come la sepoltura di un animale domestico[28] (Figura 14). Invece, sotto la stessa sepoltura infantile era collocato un singolo osso astragalo ovino. Quanto a questo ritrovamento, l'astragalo potrebbe aver costituito semplicemente una sorta di giocattolo per bambini, anche se sono noti numerosi esempi di questi reperti provenienti da tombe di varie epoche e siti in Italia, talvolta disposti in schemi apotropaici intorno ai defunti. La frequenza di questi oggetti e soprattutto il loro uso nelle tombe infantili potrebbe suggerire, pertanto, che non si trattasse solo di elementi da gioco per i bambini, ma anche di oggetti usati per proteggere i vivi dagli spiriti dei morti[29].

FIGURA 15 Bambola in osso frammentata, trovata sul pavimento tra le Stanze 11 e 12 in associazione alla sepoltura infantile B6 di un individuo di età sconosciuta.

Una bambola in osso frammentata è stata trovata in associazione alla sepoltura B6, ubicata sulla soglia che divide la Stanza 11 e da quella 12, riferibile ad un individuo di circa 5-6 mesi di vita[30] (Figura 15).

La bambola presentava tratti del viso sommariamente indicati, un ombelico e un'area pubica, aveva un codolo per il collegamento con le gambe che erano separate rispetto al resto della sagoma e che non sono state ritrovate; stesso discorso per le braccia, anch'esse non conservate; infine, delle leggere sporgenze sul busto rappresentavano probabilmente il seno. Su questo individuo era stata sparsa della cenere, la cui analisi ha rivelato la presenza di *ulmus* (olmo), *olea* (olivo), *quercus ilex* (quercia sempreverde) e di *spartium* (giunco o ginestra del tessitore, un arbusto dai fiori gialli).

Tra gli altri reperti recuperati c'è una grande quantità di semi di caprifoglio (*Lonicera caprifolium*), un'offerta insolita ma nota nell'antichità come cura o aiuto per la splenomegalia, secondo Plinio il Vecchio[31]. Questo arbusto è conosciuto anche come rampicante italiano e fiorisce verso la metà di luglio con fiori bellissimi e profumati:

> "*nascitur in arvis ac saepibus circumvolvens se adminiculis quibuscumque…hi resoluti dantur in vini albi cyathis ternis tricenis diebus ad lienem, eumque urina cruentata aut per alvum absumit, quod intellegitur a decimo statim die.*"
>
> La pianta cresce nei campi coltivati e nelle siepi, arrampicandosi su qualsiasi tipo di supporto. I suoi semi, mescolati con vino bianco, venivano somministrati per trenta giorni per trattare le affezioni della milza. Questo trattamento favoriva la riduzione della milza attraverso l'eliminazione del sangue nelle urine o nelle feci, un effetto che diventava evidente già dal decimo giorno.

Tra le altre offerte rinvenute, molto particolare è quella associata alla sepoltura in *enchytrismos* B 4, costituita da un'anfora di tipo *spatheion* appartenente ad un individuo di età alla morte compresa tra i 4,5 e i 5,5 mesi e rinvenuta all'interno della Stanza 12. Si tratta, nello specifico, di due calderoni di bronzo integri riposti in verticale l'uno dentro l'altro. Questi contenitori presentavano tracce significative di combustione da legno. Precisamente i legni combusti individuati sono stati: *Olea* all'interno, *Ulmus* e *Quercus cerris* (cerro o quercia austriaca) sul bordo superiore del calderone e ancora *Quercus cerris* e *Olea* nell'area circostante insieme a *Quercus ilex* (quercia sempreverde)[32]. Oltre ai calderoni del corredo di questa sepoltura faceva parte anche una moneta in lega di rame purtroppo illeggibile ma genericamente databile all'età tardo romana, raccolta poco a sud-est dell'anfora.

In realtà, depositi cinerei non sono stati ritrovati solamente all'interno, sopra e in prossimità dei contenitori di bronzo ma un'po' su tutta l'estensione del cimitero. In particolar modo, questi strati cinerosi contenevano tracce di *spartium*, *cypressus/juniperus* (ginepro) e *rosaceae* (la famiglia delle rose). Se la presenza dello *spartium*, ampiamente reperibile nell'area della villa non sia molto indicativa riguardo a possibili significati rituali, l'uso delle rose potrebbe invece richiamare alla

FIGURA 16 Due calderoni in bronzo ritrovati all'interno della stanza 12 uno dentro l'altro.

FIGURA 17 Uno dei due calderoni in bronzo ritrovati all'interno della stanza 12 dopo la pulizia e il restauro.

festa di Rosalia, celebrata in estate dalla fine di maggio alla metà di luglio, in cui era consuetudine deporre rose sulle tombe dei defunti.

Alle sepolture in anfora B14 e B24 si collega invece il ritrovamento di un grande chiodo in ferro. Queste due tombe sono state ritrovate sovrapposte; delle due, quella inferiore era costituita da un'anfora *spatheion* frammentaria (proveniente dall'Africa e caratterizzata da un corpo lungo e stretto). Entrambe ospitavano un neonato di età compresa tra i 9 e i 9,5 mesi lunari. Il tipo di chiodo di ferro menzionato era normalmente utilizzato per la carpenteria[33]. Sono stati, tuttavia, pubblicati numerosi articoli che citano l'inclusione all'interno delle sepolture di grandi chiodi di ferro come "*defixiones*" per mantenere i morti al loro posto e proteggere i vivi e Plinio il Vecchio ha ricordato, più volte, che il ferro ha il potere, se impiegato in certi rituali, di resistere alla magia[34]. Sulla scorta di queste considerazioni, può anche darsi che la scoria di ferro di cui si è parlato in precedenza, collocata apparentemente di proposito sulle sepolture B 8a e B 8b, avesse la stessa funzione.

All'interno della Stanza 17, accanto alla sepoltura bisoma B40 costituita da una struttura a cappuccina (Figure 18 – 19) con all'interno due neonati (uno di età compresa tra i 2 e i 4 mesi e l'altro tra i 4 e i 6 mesi), è stato trovato un recipiente rovesciato. Di questo contenitore, privo di base, rimangono solo l'orlo, l'imboccatura e parte del manico. All'interno sono stati rinvenuti frammenti di ossa animali, una piccola anforetta in vetro molto frammentata risalente alla fine del IV o al V secolo d.C.[35], e resti carbonizzati di *Olea*, *Quercus cerris* e *Quercus ilex*. Intorno alla pentola sono state trovate tracce di *Lonicera caprifolium*. Questi reperti suggeriscono un rituale di offerta funebre e, in particolare, il recipiente rovesciato evoca un'offerta alle divinità ctonie.

FIGURA 18 Pentola in ceramica ritrovata rovesciata all'interno della Stanza 17.

Anche la sepoltura terragna B48, individuata all'interno della Stanza 17, appartenente ad un individuo di circa 6-7 mesi gestazionali, ha restituito un corredo costituito da un piatto frammentato, un anello in metallo e una moneta in lega di rame (AE3) databile tra il 348 e il 358 d. C.[36]

Tra le specie di vegetali carbonizzati e ritrovati qua e là all'interno del cimitero, è da notare il *Rhamnus alaternus*, comunemente conosciuto come olivello spinoso arbustivo. In particolare, resti carbonizzati di questo arbusto sono stati ritrovati sulla soglia che divideva la Stanze 11 da quella 12, insieme a frammenti di ossa animali forse destinate ad un'offerta a Ecate, la dea delle soglie. Questo arbusto emana un odore sgradevole e durante l'*Anthesteria*, festa che segnava l'inizio della primavera nell'antica Atene e onorava Dioniso, veniva masticato per tenere lontani i fantasmi. Si riteneva che durante questa festività le anime dei defunti potessero vagare liberamente. Inoltre, il ramno veniva appeso alle porte delle case per proteggere le donne in travaglio dai *daimones* e dalle forze del male, in quanto si credeva che fantasmi e demoni potessero minacciare neonati e donne incinte[37].

FIGURA 19 Pentola in cermamica dopo la pulizia.

Oltre ai reperti ceramici e ad altri manufatti, all'interno del cimitero sono stati rinvenuti numerosi frammenti di ossa animali, di cui il 59,8% apparteneva a maiali (*Sus scrofa*); di questi, il 48% aveva meno di 1,5 anni. Abbondanti segni di macellazione indicano che i maiali erano probabilmente il pasto rituale preferito. Questo ci fa pensare al passaggio nei Fasti di Ovidio, dove si menziona l'uso delle interiora sventrate di una femmina di maiale o di una scrofa di due mesi per proteggere il piccolo Proca, di cinque giorni, da un demone divoratore di neonati chiamato *strix* e altri bambini in futuro[38]. Sono stati trovati anche polli e gusci d'uovo di gallina in quantità significative, suggerendo che anche questi alimenti fossero consumati frequentemente in questo contesto[39].

LE SEPOLTURE DI CANI

Oltre ai reperti rinvenuti già citati, la presenza all'interno del cimitero di Poggio Gramignano di cani sacrificati costituisce un altro indicatore della necessità che si ebbe in quel contesto di custodire e proteggere i morti. In totale, tra le sepolture infantili della villa sono stati trovati 13 cani, ognuno rinominato con un numero progressivo in ordine di ritrovamento, da 1 a 13. Quanto alla loro età, gli studi hanno evidenziato come gli esemplari da 1 a 12 fossero tutti cuccioli tra le due settimane e i 4-6 mesi di vita, mentre il n. 13 risulta essere un giovane esemplare di circa 1 anno - 14 mesi di vita[40]. Riguardo alla loro ubicazione, gli esemplari da 1 a 3 e l'esemplare n. 13 sono stati trovati nella Stanza 10, quelli da 4 a 10 nelle Stanze 11 e 12, mentre invece i numeri 11 e 12 sono stati trovati nella Stanza 15. I cani non mostravano alcuna prova di una possibile macellazione a scopo alimentare e sembravano tutti sani, fatta eccezione per uno che si presume essere stato tagliato a metà per scopi rituali. Nonostante questo, alcuni indizi suggerivano che potessero essere stati scuoiati. Come ha affermato il paleo-osteologo Michael McKinnon:

> "La relativa mancanza di ossa metacarpali, metatarsali e della falange 1, unita alla completa assenza delle ossa della falange 2 e 3, può suggerire che i cuccioli siano stati scuoiati. Queste ossa si trovano nelle zampe del cane e potrebbero essere state scartate insieme alla pelle. Un "sacrificatore" attento o esperto potrebbe essere stato in grado di rimuovere la pelle e lasciare forse i metapodiali e le prime falangi, mentre qualcuno più frettoloso potrebbe aver semplicemente strappato la pelle, magari portandosi dietro le zampe per intero. Tuttavia, queste ossa sono molto piccole e potrebbero essersi semplicemente disintegrate nel terreno o essere cadute attraverso le maglie dei setacci utilizzati durante lo scavo"[41].

I cuccioli 1, 4, 6 e 12 erano abbastanza completi, mentre del cane n. 5 si conservava solo la testa. I cuccioli 2, 3, 9 e 11 erano per lo più completi, ma mancavano le mandibole e mostravano segni come se queste fossero state letteralmente strappate via. Gli esemplari 7, 8, 10 e 13 avevano invece le mandibole e il corpo ma non la testa. Forse il più bizzarro di tutti era il cucciolo numero 10, che sembrava essere stato tagliato in due all'altezza dello stomaco (Figura 20). Le due metà erano sepolte a poco più di un metro di distanza l'una dall'altra ma di questo scheletro non è stato trovato il cranio. Rispetto a questo scenario, lo zooarcheologo Michael MacKinnon ha ipotizzato che non ci fossero abbastanza cuccioli da seppellire per ognuno dei bambini morti del cimitero. Per questo

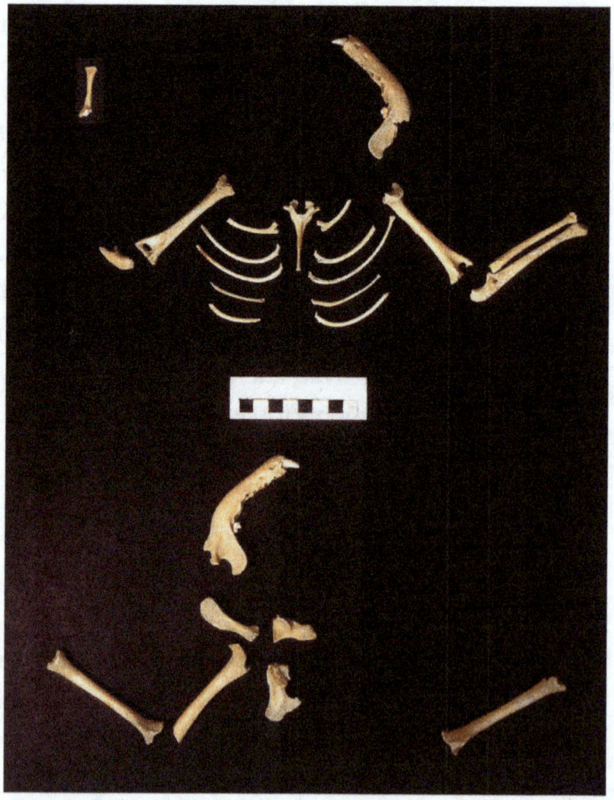

FIGURA 20 Scheletro del cucciolo di cane n. 10 che risulta essere stato tagliato in due.

motivo, i vari esemplari a disposizione potrebbero essere stati smembrati in modo da soddisfare, in questo modo, l'intero fabbisogno, distribuendo, così, le qualità protettive dei cani a tutti i defunti.

Lo smembramento di cani è attestato in numerosi siti in Europa e nel Mediterraneo, tra cui esempi provenienti dalla Svizzera e da Sardi[42]. La mancanza di segni sulle ossa relativi ad una loro possibile esposizione agli agenti atmosferici e la loro collocazione a vari livelli nella stratigrafia archeologica avvalora l'idea che l'intero cimitero si sia sviluppato in un breve periodo di tempo. Dai dati di scavo risulta inoltre che i vari esemplari di cane individuati furono inumati all'interno delle varie stanze (fatta eccezione per la Stanza 17) successivamente rispetto alle inumazioni dei bambini e a breve distanza dalla loro sepoltura.

Una tegola riutilizzata per la sepoltura B 23 di un individuo di circa 10 mesi lunari, ritrovata nella Stanza 15, fu forse scelta proprio perché recava l'impronta di una zampa di cane, lasciata dall'animale sul laterizio al momento della sua produzione quando questa si stava ancora asciugando. Purtroppo, però la debole orma risulta del tutto irrilevante per ricavare ulteriori informazioni circa le razze dei cani sacrificati nel cimitero infantile di Poggio Gramignano. Nonostante la scarsità di informazioni a riguardo, MacKinnon ha ipotizzato che essi possano essere stati dei mastini a muso corto allevati nella zona. Questa razza aveva un'eccellente capacità di fiutare e per questo era apprezza per la caccia, la guardia e la pastorizia[43].

I cani assolvevano funzioni diverse nella società romana e nel mondo antico in generale, il che può spiegare l'inclusione dei cuccioli nel cimitero infantile di Poggio Gramignano. Oltre a essere utilizzati come animali domestici o da lavoro, i cani comparivano frequentemente in contesti rituali, sia funerari che religiosi, già a partire dal Neolitico in Italia e in tutta Europa[44].

I cani sono gli animali meglio documentati del mondo romano con numerosi riferimenti nelle fonti letterarie. Essi erano utilizzati principalmente come animali da compagnia e per la caccia[45], ma anche per la guardia, come testimoniato da Columella alla metà del I secolo d.C.[46]. Anche Plinio il Vecchio discute in alcuni suoi scritti sull'intelligenza e l'utilità dei cani nella caccia e cita persino un cane di Alessandro Magno in grado di abbattere leoni ed elefanti[47]. Senofonte di Atene scrisse ampiamente sull'utilizzo dei segugi nella caccia nel suo *Cynegeticus* del IV secolo a.C. sottolineando la devozione e la personalità affettuosa di questi animali[48]: il suo cane Horme, fungeva sia da cane da caccia che da compagnia. Arriano ha successivamente ampliato questo argomento con un resoconto personale del suo cane preferito.

Naturalmente, il ruolo di animali da compagnia dei cani emerge anche da vari strazianti epitaffi a loro dedicati e dalle raffigurazioni di cuccioli e cani adulti nei rilievi funerari[49]. Questi epitaffi commemorano sia i cani da compagnia che quelli da caccia, lodando le loro virtù e lamentando la loro vita troppo breve.

Le testimonianze archeologiche mostrano chiaramente il posto speciale che i cani occupavano nella famiglia romana. Ad esempio, un cane di piccola taglia sepolto con un adolescente nel cimitero di Yasmina mostra segni di malattia parodontale avanzata e artrite, *ante mortem*. La cura nella sepoltura del corpo dell'animale e nel trattamento delle sue patologie prima della morte suggeriscono che l'animale ha ricevuto attenzioni e riguardi speciali dai suoi proprietari durante la sua relativamente lunga malattia[50].

L'uso rituale dei cani risale indietro nel tempo molto prima dell'epoca romana. Ad esempio, ossa disarticolate di cani con segni di macellazione rituale, sono state trovate nel sito neolitico della Grotta della Continenza, in Abruzzo, in associazione a resti umani[51].

Uno degli esempi più famosi dell'uso presumibilmente rituale dei cani potrebbe essere il "Pozzo delle Ossa" nell'Agorà di Atene, in cui sono stati rinvenuti circa 460 esseri umani, per lo più neonati o molto giovani, e 150 cani intenzionalmente selezionati, per lo più adulti. Questo deposito di reperti ossei animali e umani risalirebbe al periodo compreso tra il 180 e il 150 a.C. Potrebbe esserci un legame tra queste combinazioni di neonati e cani e l'associazione dei cani con le dee della nascita *Eileithyia* e *Genetyllis*, oltre ad altri collegamenti con Ecate[52]. Così come è plausibile che il motivo del rituale dei cuccioli rinvenuti a Poggio Gramignano abbia radici antiche, forse profondamente insite nella comunità locale e/o trasmesse da altre culture e regioni.

Recenti scoperte (come quelle di *Peltuinum* di cui si parlerà in seguito) suggeriscono che i cani fossero tradizionali protettori dei morti, soprattutto dei bambini, come sembra anche confermare, del resto, il cimitero di Poggio Gramignano. Essi avevano anche un ruolo significativo come animali da guardia per la casa e in particolare della soglia domestica, dove non era raro trovare all'ingresso l'espressione "*cave canem*" o "attenti al cane", come nel caso della Casa del Poeta Tragico a Pompei[53].

Tuttavia, come fa notare Alessio Sassù:

> "I cani appaiono come animali ambigui, caratterizzati da comportamenti diversi e da una doppia natura. Sono i fedeli compagni del padrone, i compagni di gioco del bambino, ma possono diventare aggressivi quando sono chiamati a fare i guardiani della casa, o diventare mostruosi quando sono associati alla spaventosa scorta di Ecate"[54].

Sassù sottolinea anche che nell'antichità i cani non erano mai abbastanza puri per essere sacrificati agli dei dell'Olimpo. I sacrifici di cani a divinità come Ecate, secondo Sassù, venivano spesso fatti per scongiurare ed espiare il male. Questa mescolanza di natura pura e impura del cane è stata notata anche da Plutarco[55].

PIETRE POSTE NELLA BOCCA O SOPRA I CORPI DEI BAMBINI MORTI

Tra le caratteristiche più bizzarre delle sepolture del cimitero di Poggio Gramignano c'è la presenza di pietre poste sopra i corpi e nelle cavità orali di alcuni dei bambini inumati.

Nello specifico, il defunto della sepoltura B 36 (un bambino di due o tre anni di età) aveva i polsi e gli arti inferiori appesantiti da pietre e frammenti di laterizi, apparentemente per impedire al defunto di muoversi[56] (Figure 10 - 11). Si tratta dello stesso individuo che è risultato positivo al test per la malaria da *Plasmodium falciparum* effettuato da Sallares e Gomizi nel 2001. Questa sepoltura era adiacente ad un'altra sepoltura in *enchytrismos* (B 59), appartenente ad un infante di età compresa tra 9 mesi e 1 anno di vita.

Anche, il feto della sepoltura B49, di età compresa tra 6,5 e 7 mesi gestazionali, ritrovata nella stanza 17 aveva una tegola posta sopra il corpo, anche se, in questo caso, tale tegola potrebbe semplicemente essere stata utilizzata per la sigillatura in superficie della piccola fossa in cui è stato sepolto il corpo.

La sepoltura B51 (Figure 21 - 23), di un individuo di età compresa tra gli 8 e i 12 anni di età costituisce il bambino più grande recuperato; si tratta di una sepoltura a cappuccina ubicata all'interno della Stanza 17. In questo caso, il defunto aveva una pietra calcarea posta nella bocca. Nello strato argilloso che ricopriva lo scheletro sono stati rinvenuti anche due vaghi di collana in pasta vitrea, mentre, nelle immediate vicinanze della sepoltura sono stati ritrovati alcuni frammenti di un portalucerne in lega di rame (Figura 24), una possibile tavolozza in pietra per la miscelazione dei colori che sembra essere fatta di ardesia, non originaria di quest'area geografica, un teschio di bovino[57](Figura 26) e una testa di piccone in ferro o dolabra (Figura 25). I Romani usavano dolabre come questa per macellare animali di grandi dimensioni, quindi potrebbe essere associata al teschio di bovino e al portalucerne facendo pensare ad un probabile rituale eseguito di notte[58].

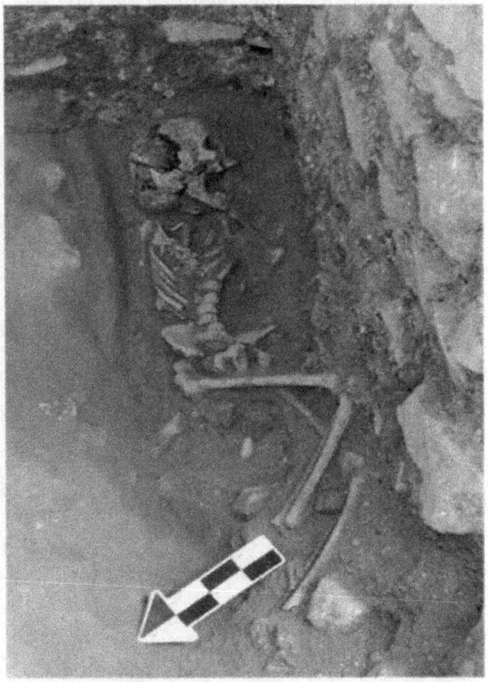

FIGURA 21 Scheletro dell'individuo della sepoltura B51 di età alla morte compresa tra gli 8 e i 12 anni; foto scattata dopo aver rimosso la struttura a cappuccina in cui era deposto.

FIGURA 22 Dettaglio dell'individuo della sepoltura B51 che mostra una pietra infilata all'interno della cavità orale del defunto.

FIGURA 23 Dettaglio della pietra in calcare locale che era infilata nella cavità orale dell'individuo della sepoltura B51.

FIGURA 24 Uno dei frammenti che costituivano il portalucerne in bronzo rinvenuto nella Stanza 17. Foto scattata al momento del rinvenimento.

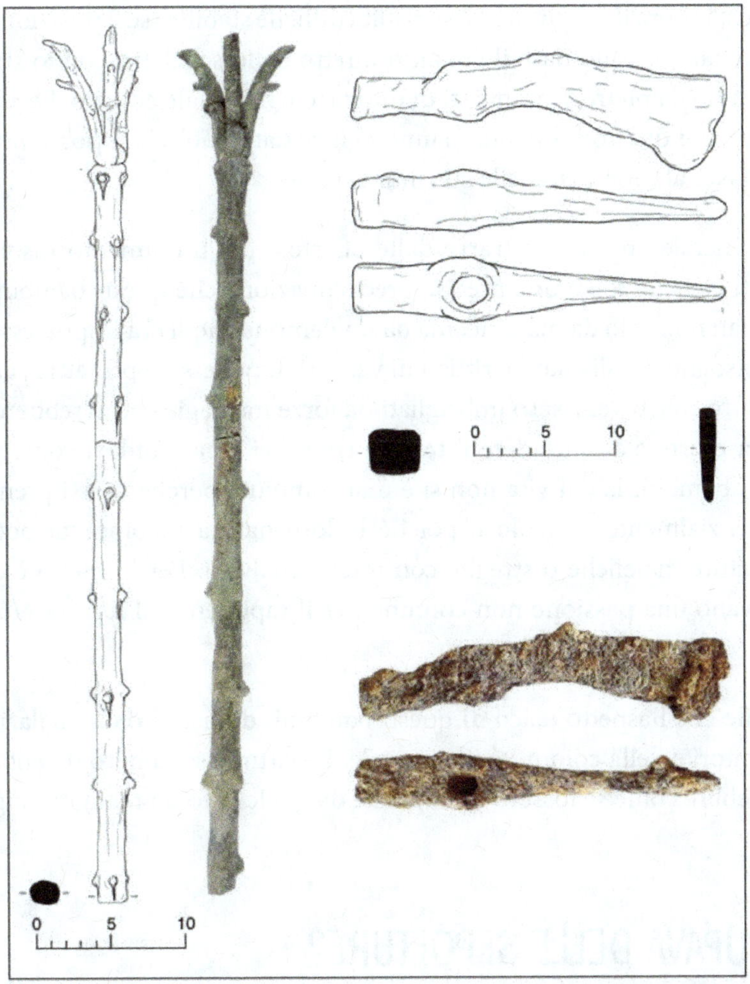

Fig. 5. A sinistra, portalucerna in bronzo; a destra, testa d'ascia in ferro (foto M. Elefante, S. Jenkins).

FIGURA 25 Ricostruzione del portalucerne in bronzo (a sinistra) e testa di dolabra (a destra) rinvenuti all'interno della stanza 17.

Analogamente alla sepoltura B51 anche il neonato della sepoltura B57, di un'età compresa tra 0 e 2 anni, è stato rinvenuto con una piccola pietra infilata nella cavità orale.

Infine, in questa casistica, si può forse annoverare la sepoltura terragna B55, relativa ad un neonato anch'esso di età compresa tra 0 e 2 anni di età. Anche in questo caso, infatti, è stata rinvenuta una grande pietra posta sopra il corpo, anche se risulta difficile stabilire se il posizionamento di tale pietra sia stato intenzionale o meno dato il contatto diretto dello scheletro con lo strato di riempimento della fossa costituito da pietre, frammenti di intonaco e materiale edilizio. Le analisi antropologiche sui resti scheletrici di questo individuo hanno evidenziato, inoltre, la possibilità che indossasse un sudario o delle fasce al momento della sua inumazione.

L'impressione generale che si può trarre dalle offerte e dal trattamento insolito subito da alcuni di questi defunti è che ci fosse una precisa preoccupazione che questi bambini fossero in qualche modo contaminati non solo da malattie, ma da un demone che si era impossessato delle loro anime, e che avessero bisogno di talismani e rituali di vario tipo per essere protetti e, allo stesso tempo, per impedire che i loro spiriti venissero imbrigliati da forze malvagie che avrebbero potuto costringerli a risorgere dalla morte e a diffondere il terrore tra i vivi incarnandosi come vendicatori. Sembra che i neonati e i bambini la cui vita non si è mai compiuta perché morti prematuramente fossero considerati potenzialmente pericolosi, poiché la loro natura incompiuta poteva essere sfruttata appunto da creature malefiche o streghe con intenti malvagi. Per lo meno è chiaro che i demoni romani mostravano una passione non comune per il rapimento, il terrore e/o l'uccisione di feti e bambini[59].

È anche possibile che l›aspetto fisico di questi bambini, devastati dalla malaria, abbia contribuito all›ansia dei genitori e della comunità in generale. Le vittime sarebbero diventate pallide e smunte, convulse dalla febbre come se fossero manipolate da qualche forza maligna (Figura 11)[60].

CHI SI OCCUPAVA DELLE SEPOLTURE?

Un'altra domanda importante riguardo a questo sito è chi si occupasse delle sepolture infantili e di questa *escalation* delle morti. Si trattava di un medico, di singole famiglie o di un *leader* della comunità, in particolare un *leader* spirituale? Poiché il parto dei neonati era probabilmente assistito da una levatrice, questa figura (o figure), quindi una sorta di ostetrica, potrebbe essere stata coinvolta anche nei tentativi di salvare i bambini e le loro madri e, allo stesso tempo, anche nel seppellire i morti potenzialmente "inquinanti" o "pericolosi". La stessa persona potrebbe anche essere stata responsabile della cura della madre dopo la morte di un bambino o l'aborto di un feto. Ci si chiede pertanto come tale sorta di ostetrica potesse rispondere ad una pandemia come questa e con quali mezzi? Quali erano le sue responsabilità e quali sono le prove e le tracce lasciate da questo personaggio nel cimitero di Poggio Gramignano?

Di particolare rilievo è il fatto che Ecate era una dea che si poteva pregare per ottenere una protezione generale, alla quale si potevano chiedere incantesimi favorevoli, amuleti apotropaici e consigli per scongiurare il male o per proteggere i neonati. Le levatrici (ostetriche) erano specialiste del parto, la cui pericolosità e fragilità poteva estendere la funzione di queste figure anche a quella di profetesse/interpreti di segni. In quanto tali, potevano determinare quali incantesimi di purificazione utilizzare, quali amuleti la madre dovesse indossare, oltre a interpretazioni del divino e del mistico, attingendo alla propria esperienza pluriennale e al tasso di successo nel far nascere e curare neonati e madri[61].

Plinio il Vecchio fornisce un intero elenco di quelli che potrebbero essere definiti rimedi popolari che possono essere impiegati in modo presumibilmente efficace, ma ovviamente non sono accettati dagli standard e dalle pratiche mediche moderne. Le ostetriche più rinomate erano spesso formate o provenivano dall'oriente greco, dove la professione godeva di una considerazione più elevata (potevano persino pubblicare trattati!) mentre a Roma esse erano legate alle famiglie più ricche e importanti che potevano disporre di un'assistenza medica personale, un po' come avviene oggi con i medici privati personali a disposizione in qualsiasi momento delle persone più facoltose in grado di permettersi di pagarne i servizi. Le *sagae* del nostro cimitero erano probabilmente donne del luogo, non esperte di medicina orientale, ma semplicemente membri della comunità con le competenze e le credenze religiose proprie di quella comunità[62].

Sorano che scrive nel II secolo d.C., fornisce un indizio in merito alle funzioni ricoperte dalle ostetriche del tempo, consigliando a queste donne di non essere superstiziose perché, a quanto pare, incantesimi e stregonerie erano talvolta utilizzati da loro in modo eccessivo, consigliando, invece, di essere più preparate[63]! Ci si aspettava, infatti, che una levatrice conoscesse quali formule ed espressioni liturgiche fossero più appropriate e utili, le cosiddette *devotiones sepularales* o incantesimi di morte adoperate nei cimiteri e durante i riti funebri, dal momento che il parto spesso portava alla morte.

Tuttavia, a causa della mancanza di fonti antiche sull'argomento, è difficile valutare il modo in cui le persone del tempo percepissero tali rituali. Si ha inoltre un'assoluta mancanza di conoscenza riguardo al ruolo specifico che un *leader* religioso potrebbe aver assunto all'interno di una comunità in risposta a eventi insoliti o bizzarri, tantomeno su come esattamente tale guida sarebbe stata identificata o chiamata. È probabile che la comunità si rivolgesse a quello che in greco sarebbe stato definito il *γόης* (in latino il *goes*) piuttosto che a un μάγος o a un *magus*. Quest'ultimo, infatti, aveva connotazioni di magia, stregoneria e persino la capacità di mutare forma ma spesso era considerato un ciarlatano. Il termine "*magus*" originariamente si riferiva a figure sacerdotali e magico-religiose dell'antica Persia e della Mesopotamia, specialmente nella cultura caldea, dove i *magi* erano conosciuti per la loro pratica dell'astrologia e della magia. Nel corso del V secolo d.C., il termine divenne sempre più diffuso nel linguaggio comune, ma già all'inizio dell'età imperiale la sua reputazione aveva iniziato a declinare[64]. Anche una saga o una donna saggia, in realtà, poteva essere chiamata in causa con presunti poteri percepiti come magici.

Un γόης, invece, era una figura propriamente specializzata nel contattare le anime dei morti per espiare una piaga o un disastro all'interno di una comunità.

CASI ANALOGHI

I bizzarri eventi di Poggio Gramignano non hanno trovato alcun riscontro in altri siti in Italia, anche se lo scavo del sito di *Peltuinum*, in Abruzzo, ha presentato alcune analogie[65]. In questo sito, infatti, all'interno di alcuni dei pozzetti scavati ai piedi del muro del *pulpitum* del teatro romano, originariamente adibiti ad ospitare i pali lignei destinati al funzionamento del sipario, in seguito alla defunzionalizzazione dell'edificio teatrale dovuta ad un violento terremoto che colpì la città nella seconda metà del V secolo d. C, vennero deposti numerosi resti ossei di nascituri insieme a quelli di cani, gatti e puledri. Inoltre, i cani, alcuni dei quali mostrano segni di uccisione, vennero deposti interi in base al rinvenimento di porzioni in connessione ed erano associati ad aggregazioni di ossa di bambino, quindi in stretta relazione, anche se questi ultimi erano disconnessi da processi post-deposizionali.

L'associazione neonati/cane, del resto, è ben documentata nel mondo antico e pertanto, anche nel caso di *Peltuinum*, l'interpretazione data è quella che vede il cane come un guardiano, un compagno nella vita stanziale e nel viaggio, una presenza al lato dell'essere umano in situazioni di transizione, come appunto è quella del passaggio dalla vita alla morte; ma anche come essere terapeutico ed il suo sacrificio, in questo caso, così come in altri, è stato visto come parte di un rituale di purificazione per la morte prematura degli infanti.

D'altronde, anche le Tavole Iguvine ritrovate a Gubbio, a meno di 100 km a nord di Poggio Gramignano, in Umbria, databili tra il III-I secolo a.C., menzionano sacrifici di cani a Giove. Queste tavole prescrivevano elaborati riti religiosi sacrificali che coinvolgevano cuccioli di cane e un'ampia varietà di altri animali, praticati come apotropaici contro il male. Esse contengono inoltre anche formule di offerte per arrecare danno ai nemici e placare le divinità degli inferi[66].

A differenza di Poggio Gramignano, i ricercatori che hanno scavato a *Peltuinum*, tuttavia, escludono che i neonati ritrovati possano essere morti simultaneamente a causa di un'epidemia o, eventualmente, di altri eventi quali guerre e carestie e stabiliscono che l'arco temporale delle deposizioni risulta diluito su una cinquantina di anni circa. Di certo ci si chiede perché ci siano così tante offerte insolite che accompagnano questi neonati. È come se gli stessi abitanti dell'epoca trovassero sorprendente e addirittura spaventoso l'alto tasso di mortalità infantile? Tuttavia, a parte gli animali inclusi all'interno dei pozzetti, non sono state trovate prove di riti magici o apotropaici in associazione alle sepolture.

LA PAURA DELL'IGNOTO E DELL'INSPIEGABILE

Sulla base delle informazioni finora raccolte dagli scavi e dalle fonti letterarie di epoca romana inerenti gli aspetti religiosi e cultuali, appare evidente che sotto la patina superficiale di un cosmo ordinato governato dalle principali divinità tradizionali del *pantheon* romano, in un'epoca in cui il cristianesimo aveva comunque presumibilmente già preso il sopravvento nell'impero, esisteva una panoplia di quelle che potremmo definire divinità popolari e demoni che potevano proteggere una persona o una comunità o portare terrore e morte e queste credenze erano più diffuse di quanto comunemente si pensi. Per fare un parallelo con i giorni nostri, basti pensare che un'ampia percentuale della popolazione degli Stati Uniti crede nel soprannaturale e mette in discussione fatti scientifici consolidati[67].

I Romani avevano molte divinità che si occupavano dei rischi di ogni aspetto del parto, che in quell'epoca, soprattutto nelle comunità rurali era considerato enormemente rischioso per le donne; ma ugualmente nei grandi centri abitati esso mieteva numerose vittime, tra cui anche le mogli di importanti personaggi di spicco della società nonostante esse avessero avuto accesso alle migliori cure dell'epoca[68]. Se a questo si aggiunge lo strano fenomeno di Poggio Gramignano, che produceva morti e aborti spontanei all'interno della comunità e che aumentava di giorno in giorno, è facile capire come l'isteria di massa avrebbe preso il sopravvento e la paura non scientifica e persino irragionevole avrebbe scatenato il bisogno di *leader* religiosi e comunitari specializzati e conoscitori delle vecchie usanze, che includevano un'abbondante dose di quella che chiameremmo stregoneria e l'aiuto di coloro che sapevano come eseguire i rituali appropriati. Sarebbe stata necessaria anche un'azione per isolare i bambini (e gli adulti) colpiti e apparentemente pericolosi, morenti o già deceduti, dalla comunità terrorizzata dei sopravvissuti.

I bambini di Poggio Gramignano erano per lo più feti e individui perinatali di età inferiore ad un anno, essi non sono stati trovati sepolti con gli adulti e all'interno del cimitero non sembra ci fosse una separazione significativa per età o gerarchia, anche se nella stanza 17 sono stati trovati i due bambini più grandi, uno di 2-3 anni e uno di 10-12 anni. Per quanto riguarda le offerte funebri, se ne trovano le tracce in ogni stanza ed esse non sembrerebbero essere associate specificatamente a determinati tipi di sepolture e fasce d'età. Tuttavia, nella Stanza 17 non sono state trovate le inumazioni di cuccioli di cane insieme alle sepolture dei nascituri.

La maggior parte delle sepolture si presentano rudimentali, semplici buche nel terreno, con poche o nessuna offerta e anche quelle più elaborate (cappuccine ed *enchytrismos*) erano realizzate utilizzando materiali di riutilizzo. L'impressione degli archeologi è che le sepolture fossero state eseguite in fretta e in un tempo molto limitato. Una possibile conferma a questa ipotesi è data dal fatto che, sia nei precedenti scavi che in quelli effettuati tra il 2016 e il 2022, alcuni dei cocci ritrovati negli strati immediatamente al di sopra del piano pavimentale delle stanze in cui erano seppelliti i corpi, attaccavano con altri rinvenuti invece negli strati più superficiali.

Le stanze 11, 12 e 17, originariamente coperte da volte a botte parzialmente crollate nel V secolo d. C. a causa del lungo abbandono della villa, erano in parte riempite dai detriti e dalle macerie causate sia dai crolli delle strutture stesse che per effetto del dilavamento dalla collina sovrastante; nonostante ciò, offrirono un luogo adatto per seppellire i bambini e per celebrare i riti funerari, cospargendo la terra con la cenere delle offerte funebri. È probabile, inoltre, che in occasione dell'impianto del cimitero, le coperture superstiti potrebbero essere state ulteriormente abbattute per evitare rischi di crollo.

PARALLELI LETTERARI PER I RITUALI CIMITERIALI

Considerando i ritrovamenti effettuati a Poggio Gramignano, i parallelismi con la poesia di Orazio e Virgilio (e con altri autori greci e romani) sono sbalorditivi e suggeriscono come la paura di presenze demoniache fosse palpabile in quella comunità, così come che la magia potrebbe essere stata impiegata, in questo sito, per proteggere sia i morti che i vivi dai morti[69]. Le offerte riflettevano, in varia misura, il desiderio di commemorare la perdita di un membro della famiglia. Al contempo, le famiglie in lutto sembravano affrontare, attraverso particolari rituali, la costante paura di ciò che era già accaduto alla loro comunità e di ciò che poteva potenzialmente accadere dopo il passaggio del defunto dal mondo dei vivi a quello dei morti e persino la possibilità che esso potesse resuscitare.

I cimiteri dell'antica civiltà romana erano luoghi sia di venerazione e compianto per i defunti, sia di inquietudine, dove si assisteva al passaggio della soglia tra la vita e la morte, momento in cui cessava ogni comunicazione diretta con i cari. Durante questa transizione, si credeva che diverse divinità e entità maligne potessero influenzare i defunti, e si riteneva che streghe o negromanti potessero controllare questi spazi. In particolare, i neonati che morivano prematuramente erano considerati vittime ideali di streghe e demoni pronti ad impossessarsi delle loro anime. A ciò si aggiungeva la frustrazione delle madri per non aver generato figli sani[70]. I siti tombali, come quello in esame, erano spesso luoghi emarginati, distanti dagli abitati. Le tombe, molto spesso, soprattutto in Grecia, erano dotate di canali libatori per versare libagioni direttamente nel terreno, che includevano vino, latte, miele e altri liquidi sacri creduti capaci di raggiungere i defunti[71].

UN PARALLELO MODERNO

Non è semplice capire come i Romani, sia a Roma che nelle provincie e nelle zone rurali dell'impero, percepissero le streghe e le entità demoniache. Tuttavia, consultando gli scritti di Orazio, emerge che tali figure erano viste, allo stesso tempo, sia come comiche che spaventose. Per una mente moderna, può risultare difficile credere a queste superstizioni, anche se oggi, negli Stati Uniti, i canali televisivi sono pieni di pseudo-documentari che esaltano i cosiddetti "*Ghost Hunters*", un genere descritto su Wikipedia come "programmazione paranormale in stile reality".

Nonostante ciò, comprendere a pieno le credenze di una società dominata dall'ignoto e dalla paura rimane una sfida per noi oggi, anche se, ne rimangono, ancora ai giorni nostri, in alcune parti del mondo, delle reminiscenze di cui, chi scrive può fornire una testimonianza diretta, avendo vissuto a Thurburbo Maius dal 1974 al 1976, nel nord della Tunisia centrale, e avendo lavorato per 10 anni tra i beduini/berberi sia in quel sito che a El Jem e Salakta, ai piedi del deserto del Sahara. Nel 1970, infatti, nella piccola comunità di Utique (l'antica Utica, nel nord-est della Tunisia), era diffusa la convinzione che una ragazza adolescente di una piccola comunità berbera avesse assunto un elisir d'amore sotto forma di torta, preparato dalla madre di un bel ragazzo di un'altra città. Dominata dagli effetti della pozione, la ragazza si era innamorata perdutamente del ragazzo, il che portò i suoi genitori a voler interrompere la relazione tramite pratiche stregoniche. Si rivolsero quindi a uno sciamano, un *altabib*, figura tipica della regione, equivalente a un *γόης*, che risiedeva presso il centro di El Fahs, vicino all'antico sito romano di Thuburbo Maius. David Soren, l'unico con un veicolo disponibile in zona, accompagnò pertanto la giovane e la sua famiglia fino alla modesta casa dell'*altabib* lungo una strada secondaria.

A questo punto, nella penombra si tenne una cerimonia con incantesimi di vario tipo, assistita da un gruppo di donne anziane o di mezza età che si presero carico della quindicenne. Esse potevano essere considerate a tutti gli effetti delle levatrici perché, in generale, si prendevano cura di altre donne, sia giovani che anziane, e assistevano lo sciamano durante il rito di guarigione. Durante il rituale, la giovane fu costretta a ingoiare un pezzo di ciò che sembrava essere una sorta di "Humburger" o comunque di carne macinata di cavallo, legata a un filo estremamente sottile. Mentre lei ingoiava, la carne scendeva, ma, allo stesso tempo, rimaneva legata al filo tenuto nella mano del guaritore. Questi cantava e tirava il filo che era nella gola della ragazza, chiedendole ripetutamente nel dialetto locale: "Sei ancora innamorata di questo ragazzo?" Ogni volta, la giovane rispondeva con un deciso "sì".

Dopo il terzo tentativo, finalmente la ragazza ammise di essere guarita e purificata dall'incantesimo e così, il filo le fu estratto con un rapido e doloroso strattone e il dottor Soren poté finalmente riaccompagnarla a casa. Soren, in realtà, vista l'invasività di quel rito, aveva pensato di intervenire, ma la solennità del rituale lo trattenne, temendo conseguenze gravi come l'arresto. Questo evento, alla fine, pose fine alla storia d'amore della giovane coppia e tutti i presenti credettero di aver assistito a un miracolo operato da un guaritore soprannaturale.

Un altro episodio simile accadde a Thurburbo Maius, vicino a Fahs, dove gli operai berberi assoldati per scavare delle profonde trincee archeologiche in un progetto finanziato dalla Smithsonian Institution e amministrato dall'Università dell'Iowa, mostrarono timore nel farlo avendo paura di entrare nella tana sotterranea di quello che chiamavano il *Djinn*, o in quella di una donna vampiro assetata di sangue, con le sembianze di un uccello, nota come l'*Arbetha*, che si pensa possa portare via i bambini piccoli durante la notte e alla quale si possono fare offerte di scarti di cibo a seguito dei pasti serali. Gli scavi furono così accompagnati dall'uso di amuleti protettivi.

LA STREGONERIA IN ORAZIO: AMPIA COMMEDIA E CRUDO ORRORE

Sembra quindi che dobbiamo concederci la possibilità che non tutti, in ogni società antica o moderna, vedano il proprio mondo con gli stessi occhi. La poesia di Orazio ci permette di vedere i complessi atteggiamenti del periodo augusteo nei confronti della stregoneria. Nell'umoristica Satira Oraziana I.8 ci viene presentata una strega buffa e pasticciona di nome Canidia e la sua compagna Sagana che frequentano il vecchio cimitero poi soppiantato dai nuovi Giardini di Mecenate sul colle Esquilino orientale di Roma, al di fuori degli antichi confini della città. Al chiaro di luna, le due streghe sono alla ricerca di ossa umane e di erbe speciali da utilizzare per i loro incantesimi (*ossa herbasque nocentis*). La pallida Canidia avanza vestita di un panno nero, con i piedi nudi e i capelli sciolti, urlando insieme alla più anziana e altrettanto pallida Sagana. Nella loro ricerca (I.8.25) scavano la terra con le unghie o con gli artigli (*unguibus*).

Le streghe poi (I.8.28) mordono con i denti un agnello nero (*pullum divellere mordicus agnam coeperunt*) sacrificio che ricorda un'po' quello dei cuccioli di cane nel nostro sito. Lo scopo di Canidia e Sagana è infatti quello di versare il sangue della vittima in solchi nella terra per ricevere dagli spiriti ctonici le risposte alle loro domande e per ottenere il controllo dello spazio liminale tra i vivi e i morti. Poi le streghe producono delle effigi di lana e di cera, con le prime disposte in modo da sembrare che punissero le seconde in qualche rito misterioso. Naturalmente tali "immagini" non potevano essere recuperate dal nostro cimitero, se esistevano, a causa della deperibilità dei materiali con cui erano fatte, ma una bambola d'osso è stata effettivamente trovata, senza braccia e senza gambe. A questo punto nella Satira I.8.35 vengono evocate le dee Ecate e Tisifone, che fanno emergere orribili serpenti e i cani infernali. Ebbene, nel cimitero di Poggio Gramignano, come già detto, sono stati trovati i resti di 13 cani, tutti cuccioli tranne un cane di giovane età, che presentavano segni di uccisione e, in alcuni casi, l'asportazione delle mascelle. Uno in particolare, l'esemplare n. 10, come è stato già ricordato, risulta tagliato in due, con le due metà sepolte a poco più di un metro di distanza l'una dall'altra.

FIGURA 26 Possibile "Palette" in ardesia larga circa 8 cm trovata in associazione alla sepoltura B51.

Molti dei dettagli menzionati nel rito di evocazione degli spiriti dei morti e il tentativo di mettersi in contatto con loro per scopi nefasti descritti nella satira, non trovano riscontro nel nostro sito, come ad esempio i resti di serpenti, tra cui il dente di un serpente screziato, le immagini di cera e di lana e una bambola dall'aspetto terrificante, anche se, tale mancanza potrebbe essere imputata alla natura deperibile di questi elementi.

Purtroppo, non possiamo conoscere i costumi o gli abiti rituali che potevano essere indossati durante questi riti, né il trattamento del viso con ceneri o coloranti, o l'uso di sangue animale. A tal proposito, però, il ritrovamento della possibile "*palette* in ardesia" menzionata in precedenza suggerisce che coloranti o qualche tipo di polvere medicinale o apotropaica potrebbero aver avuto un ruolo durante queste funzioni.

Anche se non sono stati individuati fuochi ardenti nel cimitero, sono state trovate invece diverse buche contenenti riempimenti di cenere e due grandi calderoni di bronzo, presumibilmente utilizzati per contenere qualcosa che bolliva o bruciava, insieme alle varie varietà di legno carbonizzato menzionate in precedenza (Figura 27). Non tutti i reperti trovati, quindi, corrispondono esattamente alla descrizione della Satira I.8, poiché le motivazioni dietro questi rituali erano diverse nei due contesti; tuttavia, i parallelismi sono comunque significativi.

FIGURA 27 Scavo dei calderoni in bronzo e del limitrofo strato di cenere in cui si trovavano i due manufatti.

Del resto, i riti di stregoneria possono variare da luogo a luogo e persino da strega a strega. Nel caso delle *Satire*, Orazio sta scrivendo ciò che equivale praticamente ad una commedia comica, dato che Canidia perde i denti quando una statua di Priapo prende vita ed esala flatulenze, mentre Sagana lascia cadere la sua parrucca e le streghe perdono le loro erbe e i bracciali incantati! Al contrario, gli eventi di Poggio Gramignano rappresentano invece una realtà terrificante, in cui i rituali magico-apotropaici vennero praticati con serio fervore. È importante notare che il racconto di Orazio si svolge a Roma, in un giardino pubblico e non in una zona rurale dove una tale credulità potrebbe essere più attesa. Il nostro cimitero infantile si trovava a pochi passi da un porto sul fiume Tevere che aveva regolari scambi commerciali con Roma e con gli altri scali lungo la valle ma era situato su una collina isolata lontano dalle attività della grande città.

La Satira I.8 di Orazio non è l'unica sua opera a presentare parallelismi con i materiali provenienti dai nostri scavi. Nell'Epodo V, scritto nel 49 a.C., viene rivelato il lato più oscuro di Canidia e Sagana e di altre streghe, che cercano di creare un filtro d'amore per sedurre un certo Varo, catturando, torturando e facendo morire di fame un bambino, il quale viene seppellito vivo da Veia fino alla testa, alla vista del cibo, per far seccare lentamente il fegato e il midollo osseo dello sventurato, al fine di rendere più efficace la pozione amorosa.

Nel racconto viene descritto ogni particolare macabro dell'atto vile che le streghe stanno consumando, dai capelli incolti di Canidia "intrecciati di vipere brevi" agli ingredienti da bruciare nel fuoco magico per la fabbricazione del filtro amoroso: rami di caprifico tolti ai sepolcri, fronde di cipresso funebre, uova tinte di sangue di rana, piume di gufo notturno, erbe di Iolco e d'Iberia – terre fertili di veleni – ossa tolte alla bocca di una cagna digiuna[72]. Il maleficio risulta particolarmente cruento perché Varo non risponde a Canidia e quindi la terribile congrega teme che altre streghe o demoni abbiano incantesimi più potenti impedendo loro di raggiungere i propri scopi[73].

La vittima, intuendo che sarà ucciso dalle streghe, lancia su di loro una maledizione: «apparirò come una furia notturna, cercando nell'ombra i vostri volti con le unghie ricurve: questo è il potere divino che spetta ai defunti. Incomberò sui vostri cuori ansiosi, col terrore vi toglierò il sonno e da tutte le parti, casa per casa, una folla vi lapiderà vecchie oscene, e i lupi e gli uccelli dell'Esquilino sbraneranno le vostre membra insepolte, e i miei genitori, che, povero me, mi sopravviveranno, non saranno privati di questo spettacolo[74]».

Nell'Epodo V Orazio descrive quelle che sono le credenze magiche del suo tempo e, seppure il poeta condanni moralmente tali pratiche e le credenze irrazionali ad esse associate, fornisce un potente e inquietante ritratto della stregoneria e dei culti magici del suo tempo. Ebbene, questi rituali sembrerebbero trovare alcuni possibili parallelismi con i riti praticati nel cimitero di Poggio Gramignano.

A causa della deperibilità di molti degli oggetti citati nel racconto del poeta, come già detto, non è possibile stabilire se essi siano stati effettivamente utilizzati anche nel nostro sito. Tuttavia, elementi come il coinvolgimento dei cani nel rituale insieme a rane e rospi (o almeno del loro sangue), il presunto uso di un calderone per mescolare gli ingredienti del filtro amoroso, la figura del bambino sacrificato e la sua promessa di vendetta di ritornare dall'oltretomba sotto forma di una "furia notturna" con "unghie ricurve" per lacerare i volti delle sue carnefici, sembrerebbero trovare un riscontro diretto anche a Poggio Gramignano, dove sono stati rinvenuti, oltre ai resti degli infanti e dei cuccioli di cane, un artiglio di corvo associato alla sepoltura B3 e dei calderoni di bronzo associati alla sepoltura B4. Ancora più significativamente, sembrerebbe riflettersi la paura della comunità locale nei confronti di questo bambino vendicatore risuscitato dall'aldilà, il che potrebbe spiegare il ritrovamento di alcuni neonati seppelliti con pietre in bocca e altre grandi pietre o materiali da costruzione sul corpo per impedirne il movimento.

Inoltre, proprio come nell'Epodo V, anche qui, gran parte del terrore è percepito di notte, proprio quando si ha paura del buio e anche quando la febbre malarica è normalmente più intensa[75].

L'opera oraziana è inquietante perché finisce senza una soluzione positiva o, addirittura, senza alcuna soluzione, lasciandoci immaginare un bambino demone che risorgerà dalla morte per vendicarsi. In questo caso, il bambino cerca vendetta contro le streghe che lo torturano, lo affamano e lo uccidono. A Poggio Gramignano, invece, si temeva uno spirito maligno o una strega malefica in grado di terrorizzare la comunità e di far resuscitare i morti, rappresentando quella paura dell'ignoto e del confine incerto tra i vivi e i morti incarnato dal cimitero. Queste credenze potrebbero essere state esacerbate dal dilagare, appunto, di un'epidemia di malaria.

DEMONI DELLA LETTERATURA ANTICA

Nella letteratura di epoca romana emerge più volte il tema della paura nei confronti dei bambini morti. Gran parte di questo sentimento è ovviamente legato alla difficoltà del parto e al gran numero di neonati che morivano in quel periodo. Poiché i Romani tendevano a personificare i propri valori, i propri trionfi e anche le proprie paure, diverse figure popolari nelle fonti incarnavano il demone che uccide e si impossessa dei bambini. Anche se non sapremo mai con certezza quale di esse impersonificò la creatura temuta nell'insediamento di Poggio Gramignano, né il nome locale con cui essa veniva chiamata, una prima candidata potrebbe essere stata la Strige, il temutissimo mostro dal corpo di uccello[76].

Forse si riferiscono ad una Strige, le piume di un gufo notturno e le uova tinte di sangue di rana che Canidia ordina di bruciare nel fuoco magico nell'Epodo V[77]. Alle Strigi o "*strigae*" fa riferimento anche il poeta Plauto, all'inizio del II secolo a.C., nell'opera "*Pseudolus*" quando affronta il contesto delle credenze popolari sui demoni e gli spiriti malvagi che attaccano i bambini[78]. Anche Ovidio nei "Fasti" (Libro VI, versi 131-168), descrive questi esseri come creature notturne simili a uccelli dalle ali bianche e gli artigli uncinati, le teste grandi, gli occhi spalancati e i becchi fatti per cacciare che si nutrono del sangue dei bambini. Questa descrizione contribuisce a delineare il loro carattere sinistro e le paure che suscitavano nell'immaginario romano[79].

Esse volano di notte alla ricerca di bambini piccoli che si sono separati dalle loro nutrici, si avventano sui neonati e strappano loro le interiora con il becco e riempiono l'esofago con il sangue imbibito. Queste insaziabili arpie terrorizzano con i loro stridenti versi notturni e sono spesso identificate con i gufi urlatori (chiamati anche *striges* in latino), noti per emettere grida penetranti per difendere i loro nidi o quando gli esseri umani si avvicinano troppo a loro. Il loro stesso nome in greco richiama ad un urlo orribile. Ovidio le cita come discendenti di quelle terrificanti arpie che minacciavano Fineo ogni volta che cercava di mangiare[80].

La Strige è anche menzionata dal grammatico romano Antonino Liberale, forse nel II secolo d.C., nella sua "*Metamorphoseon Synagoge*" o raccolta di trasformazioni. In questo caso, Antonino potrebbe aver derivato il suo racconto dall' *Ornithogonia* di Boios, un'opera probabilmente datata al IV secolo a.C., che trattava della trasformazione di figure mitiche in uccelli. Qui si racconta la storia della vergine Polifonte che Afrodite fece innamorare di un'orsa, portando alla nascita di due giganteschi cannibali. Zeus li condannò tutti e tre, ma Ares intervenne e li trasformò in uccelli: Polifonte divenne una *strix*, che piange di notte senza cibo né acqua e ha la testa sotto i piedi. Uno dei figli divenne invece un *lagos*, un uccello del malaugurio, e l'altro un avvoltoio con un costante desiderio di carne e sangue umano[81].

Altra possibile candidata potrebbe essere stata Lilith, una figura mitologica e demonologica che ha radici in varie tradizioni e culture, con origini risalenti al terzo millennio a. C. nell'antica Mesopotamia. Questo mostro divenne ampiamente noto come rapitore e assassino notturno di bambini, rapido e silenzioso. Lilith era una minaccia in particolare per i neonati e le neomamme, soprattutto in ambito domestico, perché infestava e infettava la casa, succhiava il sangue dei neonati e ingeriva il loro midollo osseo. Come molti di questi demoni, mutava spesso la sua forma, tanto che poteva persino prendere il posto della madre all'interno della casa e causare morti altrimenti inspiegabili di bambini[82]. Per difendersi da questa creatura si usavano amuleti e incantesimi di ogni tipo. Sul cosiddetto Rilievo di Burney, proveniente da Sumer e conservato al British Museum, databile al 2000 a.C. circa, è raffigurata una bellissima figura femminile alata nuda, con gambe piumate e piedi con artigli molto affilati. Essa si erge su leoni ed è affiancata da gufi urlatori[83](Figure 28 - 29).

Danny Ye/Shutterstock.com

FIGURA 28 Il rilievo di Burney dalla Sumeria, conservato al British Museum, databile al 2000 a.C. circa.

Ursa K/Shutterstock.com

FIGURA 29 Rendering del rilievo di Burney

Gli uccelli erano visti come forieri di sventura, aggressori di persone e simboli del caos, della catastrofe e della morte, che portavano la gente a temere di andare in giro liberamente, a mettere in discussione la loro comprensione del mondo "normale" e a doversi confinare all'interno delle proprie case e persino di edifici pubblici, anche se, talvolta, anche questo poteva addirittura non essere sicuro. Inoltre, spesso questi animali erano percepiti, allora come oggi, veicoli di malattie in quanto predatori, con i loro artigli, di topi e altra fauna portatrice di virus e parassiti. Queste paure sono state riprese anche dal racconto del 1952, basato su un episodio realmente accaduto, di Daphne De Maurier, da cui poi prenderà spunto il celebre film di Alfred Hitchcock del 1963, "Gli uccelli", dove il sentimento di gruppo della comunità terrorizzata può restituirci un'idea di ciò che gli abitanti di Poggio Gramignano possono aver vissuto.

Un altro indiziato per il demone di Poggio Gramignano è Lamia che nella mitologia greca era una figura originariamente descritta come una bellissima regina di Libia, amante di Zeus. Secondo il mito, Zeus fece di Lamia la madre dei suoi figli, ma ciò suscitò la gelosia e l'ira di Hera, moglie di Zeus, che lì uccise. Devastata dal dolore e dalla rabbia, Lamia si trasformò in un mostro notturno che divorava i bambini. Nella sua forma demoniaca, essa veniva spesso rappresentata come una creatura con il corpo di donna e la parte inferiore di serpente. Per Aristotele, invece Lamia era un mostro a forma di donna che squarciava il ventre delle donne incinte e ne divorava i feti, una sorta di vampiro talvolta equiparata a un altro demone chiamato Mormo[84]. Proprio perché assassina di bambini e divoratrice di feti Lamia potrebbe aver impersonificato la paura e l'angoscia della comunità di Poggio Gramignano di fronte ai numerosi nati morti e feti abortiti causati, invece, da quella che riteniamo essere stata malaria da *Plasmodium falciparum*.

Tuttavia, la principale indiziata sembrerebbe essere stata invece Ecate, divinità ctonia. A lei di certo si potevano offrire preghiere liminali per la protezione dei neonati e per l'aiuto nei momenti difficili come in caso di malattie terrificanti quali appunto la malaria stessa. Ecate, infatti, soprattutto in epoca romana, era vista come una figura protettrice o associata ai confini e ai luoghi di passaggio, tra cui anche quello tra il mondo dei vivi e il mondo dei morti; proprio per questo motivo era in grado di condurre i morti nell'aldilà e viceversa, come, ad esempio, quando, nell'Inno a Demetra, essa divenne compagna (*πρόπολος* o guida del percorso) e assistente (*ὀπάων*) di Persefone, guidandola nel suo viaggio tra il mondo sotterraneo e quello dei vivi. Nella mitologia romana essa fu assimilata alla dea Trivia, il cui nome deriva da "tri-via", ossia "tre vie", simboleggiando, con le torce in mano per vedere in tutte le direzioni, i crocicchi dove questa dea era venerata[85] (Figura 30).

Ecate è spesso rappresentata anche con cani o accompagnata da essi. I cani erano considerati animali sacri per lei, simboli della sua natura ctonia e guardiani dei luoghi sacri e degli incroci, dove, come già detto, spesso venivano offerti sacrifici in suo onore. Molto spesso quindi le erano offerti cani in sacrificio, specialmente durante la luna nuova. Questi sacrifici avevano lo scopo di placare la dea e garantirne la protezione.

Sempre per il suo ruolo di guida tra i mondi e di protettrice dei passaggi a lei si chiedeva la protezione per la vita e la morte dei bambini, pregandola di vegliare sui neonati e contro il terrore che poteva scaturire per le madri in attesa. Pur essendo una dea minore, nella "Teogonia" di Esiodo e altre opere, essa è descritta come una dea potente e temuta, con un'influenza che si estende su terra, mare e cielo[86]. Inoltre, nel corso del tempo, divenne sempre più associata alla magia nera, agli incantesimi e alle pratiche occulte, oltre che alla protezione dei maghi, delle streghe e dei viandanti notturni, come testimoniato nella Satira di Orazio I.8.35, dove essa è una delle divinità chiamata in soccorso

EvrenKalinbacak/Shutterstock.com

FIGURA 30 Scultura di Ecate (Hekataion) che raffigura la divinità a tre facce con quattro mani che reggono una torcia e indossa una corona a *polos*, del III secolo d.C., proveniente dagli scavi di Perge (Turchia). Attualmente conservata nel Museo Archeologico di Antalya, Turchia.

dalle maghe Canidia e Sagana; elementi questi che la rendevano perfettamente compatibile con le attività del cimitero di Poggio Gramignano.

In sintesi, Ecate era una figura associata alla magia, alla luna e al regno degli inferi, con profonde connessioni con il soprannaturale e il mondo degli spiriti. In questo ruolo di interlocutrice con il mondo spaventoso dei demoni e dei fantasmi, veniva pregata sia dalle famiglie che affrontavano una malattia, un lutto, sia dalle streghe/maghe, per avere maggiori possibilità di successo nei propri rituali[87].

Era, infine, la guardiana di tutti gli ingressi, soprattutto delle case e soprattutto di notte e insieme ai suoi cani proteggeva i portali. Per questo motivo è spesso associata alle chiavi e al potere di essere l'unica a guidare le persone attraverso regni sconosciuti[88]. Con i suoi simboli, vale a dire: la torcia e i suoi cani da guardia, era, quando onorata in modo appropriato, una protettrice delle famiglie, che svolgeva lo stesso ruolo, in senso lato, della Vergine Maria per molte comunità cristiane moderne in occasione di traumi e sofferenze impreviste e inaspettate.

Questi sono solo alcuni dei demoni e delle divinità che potrebbero essere stati invocati per spiegare le pratiche all'interno del cimitero di Poggio Gramignano. Tuttavia, nella cultura popolare di epoca romana esistevano anche altre figure ed entità legate all'ambito della magia e dell'esoterismo e questo fatto cela quanto fossero diffuse tali pratiche nella società del tempo, soprattutto quelle rivolte alle famiglie e ai bambini. Le *Veneficae*, ad esempio, erano semplici donne, non sempre soprannaturali, che usavano pozioni, droghe e soprattutto veleni a fin di bene o di male. Il gruppo comprendeva la mitica Medea che aiutò Giasone nella ricerca del vello d'oro la cui rabbia, scaturita dall'essere stata ripudiata da suo marito, la portò ad avvelenare i figli avuti con l'eroe[89].

Meroe nelle Metamorfosi di Apuleio, scritte alla fine del II secolo, è rappresentata come una strega crudele e potente che compie azioni terribili come sgozzare, succhiare il sangue e strappare i cuori delle sue vittime. L'opera di Apuleio è piena di creature dotate di poteri magici, il poema esplora infatti vari miti e figure che praticano la magia e la stregoneria con poteri immensi e terrificanti, capaci di sconvolgere l'ordine naturale e divino come abbattere il cielo, trasformare i fiumi in pietra, le montagne in acqua, mutare forma, mettere a tacere gli dèi, spegnere le stelle e illuminare il Tartaro[90].

In sintesi, le Metamorfosi di Ovidio raccontano una serie di miti e leggende della mitologia greca e romana. Il tema centrale del poema è la trasformazione (da cui il titolo "Metamorfosi") e come i personaggi subiscano cambiamenti di forma per varie ragioni, spesso per intervento divino o per conseguenze delle loro azioni. L'opera può essere letta quasi come una parodia dei racconti epici più antichi, come quelli di Omero, grazie al suo tono leggero, alla struttura episodica, alla rappresentazione umanizzata degli dèi e all'uso dell'ironia ma può anche essere vista, allo stesso tempo, come un poema d'avanguardia o come quello che è stato definito un "approccio neoterico" alla narrazione fantastica[91]. Ma ciò che più interessa ai fini del nostro studio è proprio la centralità di queste figure magiche e demoniache, che mutano la loro forma e che riflettono la diffusione di queste credenze in quell'epoca soprattutto nelle province fuori Roma. Molti dei personaggi e delle situazioni magiche incontrate da Lucio, il protagonista, infatti, si svolgono in ambienti rurali o in città di provincia, dove le credenze magiche e le pratiche occulte erano più diffuse rispetto a Roma.

Apuleio stesso, del resto, era stato formalmente accusato di praticare la magia nera e di aver usato incantesimi d'amore e persino pesci magici per sedurre una ricca vedova a sposarlo, come viene citato nella sua Apologia[92].

Un altro di questi personaggi inquietanti delle Metamorfosi è Sagana presentata con poteri straordinari che includono la capacità di causare gravidanze straordinarie o di impedirle con il potere delle sue parole; una figura mostruosa e capace di rendere una donna perennemente incinta. Secondo il racconto, una donna sottoposta al suo incantesimo avrebbe continuato a essere incinta per otto anni, fino a diventare così gonfia da poter partorire un elefante. Il suo potere, ancora una volta, rappresenta una delle molte manifestazioni della magia oscura e della stregoneria che permeano il mondo delle Metamorfosi di Apuleio ma anche la società dell'epoca e non necessariamente solo quella delle zone rurali[93].

Circe, nell'Odissea di Omero, era un'altra terribile maga dai bei capelli in grado di trasformare gli uomini in animali attraverso l'uso di pozioni magiche e permette a Odisseo di comunicare con le anime dei defunti attraverso un rituale specifico che consiste nello scavare una fossa e versarvi una libagione di miele, latte, vino e acqua, seguita dal sacrificio di un montone e una pecora nera. Il sangue degli animali sacrificati, infatti, attira le anime (ombre) dei morti, permettendo loro di parlare e interagire con Odisseo.

Diodoro Siculo la considera addirittura una figlia di Ecate, in una variazione piuttosto singolare rispetto alle sue origini tradizionali. Nonostante i suoi poteri sovrannaturali e le sue capacità, Circe è principalmente una figura letteraria, quindi è poco plausibile che abbia generato una paura reale nella comunità di Poggio Gramignano[94].

Un'altra figura pericolosa, forse la più terrificante di tutte, era Erictho, un personaggio della mitologia e letteratura greca e romana, nota principalmente per la sua apparizione nel poema epico "*Pharsalia*" di Lucano (*Marcus Annaeus Lucanus*). È descritta come una strega potente e temibile, associata alla necromanzia e ai rituali oscuri[95]. Una delle scene più celebri che la coinvolge è quella in cui, in occasione della battaglia di Farsalo del 48 a.C. tra l'esercito del console Gaio Giulio Cesare, rappresentante della fazione dei *populares* e quello di Gneo Pompeo Magno, *leader* degli *optimates*, predisse a Sesto Pompeo l'esito dello scontro facendo rivivere un soldato appena caduto. La pratica è descritta da Lucano con dettagli macabri e cruenti, come il corpo gelido e sbrindellato del soldato morto nel quale l'anima non vuole rientrare[96].

Sebbene anche lei possa essere stata un'invenzione letteraria, forse originariamente di Ovidio e proseguita poi da Lucano negli anni '60 d.C., traspare, ancora una volta, l'effettiva paura diffusa nella popolazione nei confronti di negromanti e streghe malvage che portano scompiglio nel mondo dei vivi e creano demoni vendicatori.

Erictho è descritta come infernale, vile e dall'aspetto sparuto, con capelli incolti e alito velenoso. Si diletta a seppellire i corpi ancora vivi di giovani individui e rianima i cadaveri. Per questo motivo, è particolarmente pericolosa per i bambini, arrivando a rubare le loro ossa da una pira funeraria prima che il processo di cremazione sia completato e a sottrarre le torce accese dalle mani dei genitori del bambino. Profana ogni tipo di corpo, cavando gli occhi e rosicchiando le unghie ingiallite; toglie perfino i chiodi che trafiggono le mani delle vittime di crocifissione e succhia il sangue accumulato dai cadaveri.

Nei confronti poi dei bambini e delle donne le sue malefatte sembrano ancora più orribili e comprendono la perforazione dell'utero di una donna incinta e l'estrazione del bambino per bruciarlo su un altare[97]. Questo potrebbe essere stato uno dei motivi per cui le donne incinte di Poggio Gramignano avrebbero avuto paura per i loro bambini nati morti o nati prematuramente.

Un passo del poema potrebbe motivare, addirittura, il ritrovamento delle pietre conficcate nella bocca di alcuni dei bambini sepolti a Poggio Gramignano[98]:

> *Saepe etiam caris cognato in funere dira Thessalis incubuit membris atque oscula figens truncauitque caput conpressaque dentibus ora laxauit siccoque haerentem gutture linguam praemordens gelidis infudit murmura labris arcanumque nefas Stygias mandauit ad umbras.*
>
> "Spesso, inoltre, al funerale di un caro parente dei terribili Tessali, si appoggiava alle sue membra e le baciava e gli mozzò la testa, e, stringendo i denti, allentò la bocca, e gli seccò la lingua, che gli era attaccata alla gola mordendosi le labbra fredde, emise dei mormorii e mandò nell'ombra la misteriosa Stigia".

Di conseguenza è possibile che una pietra in bocca servisse a proteggere un individuo sepolto dall'aggressione da parte di una strega per scopi nefasti e proteggesse, al contempo, anche i vivi dall'attacco di un "*revenant*" portatore di male e pericolo.

Un'altra temutissima creatura era Gello, spesso rappresentata come un essere femminile maligno che si nutre dell'energia vitale dei bambini, specialmente dei neonati. Si diceva che Gello entrasse nelle case di notte per spaventare i bambini o per succhiare il loro sangue. Almeno fin dal VI secolo a.C. questa figura era temuta dalle madri perché si credeva potesse portare malattie ai neonati o addirittura causarne la morte[99]. Una donna ritenuta sotto l'influenza di questo demone poteva essere considerata impura e costretta a sottoporsi ad un rituale di purificazione. Essa, pertanto, potrebbe essere stato il tipico personaggio usato per costringere i piccoli ad ascoltare più attentamente i genitori.

Simile a Gello era Mormo, un'altra divinità invocata per spaventare i bambini, originariamente ritenuta una donna corinzia che aveva divorato i propri figli e che si aggirava di notte per spaventare i bambini. Il suo nome era usato per intimorire i fanciulli, simile all'uso della figura del "uomo nero" o di altre entità che incutono timore nei più piccoli per indurli a comportarsi bene o a non uscire di casa di notte[100].

Tra queste entità malvagie, potenzialmente oggetto delle paure degli abitanti della comunità di Poggio Gramignano, si possono citare le Empuse, mostri soprannaturali femminili, appartenenti alla cerchia di Ecate, di cui erano ancelle, che avevano l'abitudine di terrorizzare i viaggiatori. Esse spaventavano o addirittura divoravano coloro che percorrevano i sentieri o le strade da esse frequentate. Le Empuse potevano assumere qualsiasi forma: le più ricorrenti erano quelle di cagna o di vacca e, per attirare le proprie vittime, potevano mutare l'aspetto in quello di una donna debole o seducente; in quest'ultimo caso si potevano intrufolare nei letti dei giovani. Nonostante la metamorfosi, a uno sguardo più attento esse rivelavano ancora caratteri mostruosi o bizzarri, come una gamba di bronzo e l'altra di asino e, talvolta, con una gamba di bronzo e l'altra di serpente. Nella loro forma naturale, oltre alle strane gambe, possedevano lunghi artigli, piccole ma affilate zanne, occhi completamente rossi e pelle pallida; erano inoltre molto veloci e quando morivano diventavano fuoco che poteva divampare e procurare un incendio[101].

Dunque, anche se esistevano vari demoni che potevano essere respinti con diversi rituali[102], bisogna pure considerare che tutte queste figure potevano essere usate in modo piuttosto intercambiabile per suggerire un mostro femminile malvagio. In sostanza, quindi, si faceva poca distinzione tra Empusa, Strige o Mormo e le atre creature malefiche nominate poiché tutte erano associate alle paure dei bambini e delle madri per i loro figli.

Per proteggersi dalla paura della morte dei bambini e delle loro madri, esisteva una schiera di divinità e figure apotropaiche legate alla nascita. Queste entità potevano essere invocate per vegliare su ogni aspetto della nascita, dello sviluppo e della crescita di un bambino. Di queste divinità se ne contano troppe per essere elencate in questa sede, ma si può menzionare brevemente Mana Genita, particolarmente associata alla protezione dei neonati e delle madri; essa risulta di particolare interesse perché i suoi riti includevano il sacrificio di un cucciolo di cane o di una cagna. Proprio il sacrificio dei cani la collegano alla dea Ecate, tanto che potrebbe persino essere considerata una manifestazione o un aspetto di Ecate stessa. A lei si poteva anche offrire una preghiera affinché non morissero altri membri della famiglia[103].

Esisteva poi la Candelifera, la dea "portatrice di candele" o "colei che porta la luce", facendo riferimento alle candele che venivano accese durante il parto, che poteva aiutare a impedire agli spiriti maligni della notte e delle tenebre di nuocere alla partoriente e al bambino. Questa divinità aiutava a portare il bambino in modo sicuro alla luce del mondo[104].

Oltre alla minaccia dei demoni e delle streghe, c'era anche quella dei fantasmi o di quelli che Sarah Iles Johnston ha definito "morti inquieti", ossia coloro morti prematuramente o comunque prima della loro naturale aspettativa di vita. Questi spettri, noti in Grecia come *aoroi*, da *αωροσ*, termine che significa appunto prematuro[105], erano quindi spesso gli spiriti di bambini e neonati. Si trattava di spiriti inquieti e penanti per non essere riusciti a raggiugere il loro potenziale di vita e che, di conseguenza desideravano ritornare nel mondo dei vivi. Inoltre, la loro forza vitale non ancora consumata costituiva una risorsa preziosa per le streghe, che potevano usarla come potente ingrediente per pozioni o altri scopi malvagi. Di conseguenza, i bambini morti appena nati o nati morti erano i bersagli preferiti di tali stregonerie. Da qui la necessità di proteggere questi sfortunati individui attraverso una serie di pratiche negromantiche e apotropaiche che potevano andare dall'immobilizzazione dei loro cadaveri attraverso delle pietre, all'uso di preghiere e rituali ad opera di un *leader* religioso particolarmente esperto nella protezione dei morti.

A partire dal IV secolo d.C. con l'adozione del cristianesimo come religione di stato sotto Costantino e i suoi successori, iniziò una progressiva repressione delle pratiche religiose pagane e la lenta soppressione dei culti e dei rituali ad esse connesse che culminò con l'editto di Teodosio del 392 d. C., noto come l'Editto di Tessalonica, emesso dall'imperatore romano Teodosio I insieme ai co-imperatori Valentiniano II e Arcadio. Questo editto, infatti, stabilì il cristianesimo niceno come religione ufficiale dell'Impero Romano, proibendo gli altri culti religiosi[106]. Nonostante questo, le fonti letterarie e archeologiche indicano chiaramente che il paganesimo e i suoi rituali sopravvissero ancora a lungo, così come la credenza nella stregoneria.

La sopravvivenza di queste pratiche magiche e dell'invocazione di fantasmi e dee come Ecate risultano una chiave di lettura importante nell'interpretazione dei dati di scavo del cimitero di Poggio Gramignano. Streghe, negromanzia e spiriti inquieti, infatti, potevano essere considerati verosimilmente all'epoca delle minacce tangibili per la comunità che utilizzava tale cimitero. C'è ragione di credere, pertanto, che le madri e le levatrici coinvolte nella cura e nella sepoltura di questi bambini temessero interferenze soprannaturali alle loro gravidanze, se non, addirittura, che queste entità maligne provocassero aborti e la morte precoce dei loro figli. È probabile, inoltre, che la comunità avesse paura che le sepolture venissero disturbate da spiriti e demoni pericolosi (*aoroi*) invocati da streghe o, addirittura, di essere attaccata dagli stessi spiriti inquieti dei morti resuscitati.

CONCLUSIONI

Di cosa avevano paura quindi le persone che installarono il cimitero di Poggio Gramignano intorno al 450 d.C.? La pandemia di *Plasmodium falciparum* che crediamo sia avvenuta in quel periodo era apparentemente qualcosa di nuovo e spaventoso, forse il risultato di una combinazione di condizioni estive eccezionalmente calde, navi che trasportavano vino in anfore provenienti dal Nord Africa, dove la malaria era ben conosciuta, e un corso d'acqua, il Tevere, lungo il quale risiedevano aree paludose e stagnanti che divennero terreno fertile per le zanzare. Sebbene verosimilmente il cristianesimo dovesse essere già diffuso nella zona, vista la presenza, già in quel periodo, di un vescovo nella vicina Amelia, è possibile che questa religione non riuscisse a fornire risposte immediate per la comunità afflitta dall'epidemia, la quale ricorse, pertanto, alle credenze tradizionali, allo scopo di salvare vite e risolvere il mistero delle crescenti morti.

Gli scavi effettuati, del resto, hanno individuato elementi utili a stabilire che l'*escalation* della malattia fu rapida e di conseguenza anche l'installazione e lo sviluppo del cimitero. Lo dimostra il fatto che le sepolture dei livelli più bassi erano tutte singole, aumentando progressivamente in numero e in concentrazione, con alcune sepolture anche multiple, nei livelli più alti e superficiali. Un altro elemento a sostegno di questa tesi, come già ricordato in precedenza, è l'individuazione di attacchi fra frammenti di ceramica provenienti dagli strati più profondi con altri raccolti invece dagli strati più superficiali.

In questa emergenza, una divinità come Ecate o un'equivalente versione locale di essa offriva speranza e un eventuale apparente successo poiché era considerata una dea legata agli aspetti più oscuri e misteriosi della vita, inclusi i regni sotterranei (chtonici), pertanto, se approcciata correttamente, poteva essere non solo una compagna per i vivi e i morti, ma anche una salvatrice o *soteira* per l'intera comunità[107]. Questo approccio sembrava funzionare dal momento che l'epidemia di malaria, essendo stata comunque limitata alle particolari condizioni di un caldo di fine luglio-agosto del 450 d.C. circa, non durò fino all'autunno e si attenuò gradualmente.

Tuttavia, nel momento in cui la malattia toccò il suo apice, la paura nei confronti dei *revenants*, ossia i morti resuscitati, era tale che alcuni dei corpi dei bambini deceduti vennero appesantiti con delle pietre, così come la loro bocca fu bloccata sempre con una pietra infilata all'interno della cavità orale allo scopo di evitare la diffusione del male nella comunità. Questa, quantomeno, è la sorte che sembrerebbe essere toccata ai bambini più grandi ritrovati. Ciò sembrerebbe suggerire inoltre che gli individui di maggiore età, all'interno di questo cimitero, venissero sepolti con le pietre in bocca e che più il bambino era cresciuto e maggiore era la paura che potesse resuscitare e attaccare i vivi.

Le cause di questa paura isterica nei confronti di demoni e creature maligne che motivò le azioni e i rituali intrapresi nel cimitero infantile di Poggio Gramignano potrebbero risiedere, come si è cercato di dimostrare, in una lunga e consolidata credenza nei confronti di queste figure tradizionalmente insita nella cultura greca e poi romana, così come si evince dalle fonti letterarie.

Segni tangibili di queste pratiche sono i ritrovamenti delle pietre conficcate nelle bocche di due degli individui riportati alla luce o le pietre ed altri materiali utilizzati per appesantire i corpi di altri infanti individuati, insieme a reperti particolari associati ad alcune sepolture, come i resti di uno scheletro di un rospo, l'artiglio di un corvo, dei chiodi, una bambola forse smembrata e, soprattutto, il sacrificio di 13 cani, probabilmente essi stessi considerati concettualmente "*aoroi*", poiché non gli fu permesso di completare le loro vite.

Le offerte dei cuccioli di cane, in particolare, potrebbero essere interpretate come tributi a dee della nascita associate a Ecate, come Eilithyia, Genetyllis e Candelifera, per placarle e prevenire la distruzione delle future progenie e proteggere le anime dei defunti.

Non a caso, il periodo di metà estate compreso tra il 10 luglio e il 15 agosto è conosciuto ancora oggi come i "**Giorni del Cane d'Estate**" poiché storicamente si collega all'astro Sirio, la stella più luminosa nella costellazione del Cane Maggiore (*Canis Major*), che sorge e tramonta con il sole in questo periodo. Ai tempi di Esiodo, come riportato nella sua opera "Le Opere e i Giorni," si diceva che "Sirio asciugasse la testa e le ginocchia e la pelle si seccasse per il calore bruciante". Alla stella di Sirio, nell'antica Grecia, era associata una malattia nota come *Seiriasis*, che indicava una condizione di febbre intensa e colpo di calore causata dall'esposizione prolungata al sole, particolarmente diffusa durante i giorni più caldi dell'estate, noti appunto come i "giorni del cane"[108].

Inoltre, anche il ritrovamento in associazione alla sepoltura B51 di un portalucerne di bronzo ridotto in frammenti insieme a un teschio di bovino, a una testa di **dolabra e** ad una possibile *palette* in ardesia, forse utilizzata per la miscelazione di pigmenti o di qualche altra sorta di intruglio medicinale, suggerisce la celebrazione di un rituale notturno in onore di una di queste divinità, che comportò il sacrificio e la decapitazione dell'animale o effettuato per placare l'intento malefico di qualche altra entità malvagia e demoniaca descritta in precedenza.

Anche l'abbondante quantità di ossa di maiale trovate nella stratigrafia potrebbe essere associata al consumo di pasti rituali e a offerte a dee della nascita. Allo stesso modo, la presenza di due pentole da cucina, poste a testa in giù e contenenti scarti di resti animali, potrebbe riflettere offerte a divinità ctonie così come i due grandi calderoni in lega di rame implicano che qualcosa di speciale veniva cotto e mescolato, come sembrerebbero testimoniare, per altro, i numerosi grumi di carbone di vari tipi di elementi vegetali recuperati. A tal proposito, sono state trovate quantità significative di *Lonicera caprifolium* o caprifoglio, pianta che, come abbiamo visto, era consigliata da Plinio come aiuto contro la splenomegalia, uno dei sintomi della malaria da *Plasmodium falciparum* e del maleodorante spincervino, creduto tradizionalmente un deterrente contro i demoni.

Non possiamo conoscere il nome preciso del demone creduto responsabile di questo terrore, ma c'erano certamente molti candidati, inclusi vari tipi di **Strigi**. Molti di questi esseri malvagi hanno in comune il fatto di essere simili a uccelli con sembianze femminili, che rubano bambini e minacciano le donne incinte e hanno il potere di suscitare un profondo terrore all'interno di una comunità. Inoltre, potevano cambiare forma, di conseguenza, era difficile sapere di chi ci si poteva davvero fidare o meno nel proprio contesto sociale e chi poteva essere sotto la loro influenza.

In definitiva, le scoperte di Poggio Gramignano consentono di rivedere in modo diverso da quanto finora è stato spesso interpretato alcune fonti della letteratura classica come ad esempio il poeta Orazio.

È plausibile pensare, considerando questi ritrovamenti, che ciò di cui l'autore parla nelle sue Satire e negli Epodi non fossero solo trovate letterarie o invenzioni comiche, ma credenze e rituali effettivamente praticati e sentiti da molte persone del suo tempo e in generale per tutta l'epoca romana e oltre. Le figure demoniache spaventose descritte da Orazio, Lucano, Apuleio e altre fonti antiche possono essere interpretate sì come mezzi per divertire, intrattenere e influenzare i lettori della loro epoca con storie fantastiche e paurose, ma riflettono, allo stesso modo, le superstizioni e le credenze del tempo, compreso l'interesse per il soprannaturale, la magia e le figure malefiche come le streghe. Questo forse avveniva soprattutto quando una comunità si trovava improvvisamente di fronte all'ignoto terrificante di una malattia sconosciuta, per la quale non esistevano rimedi sicuri, come fu probabilmente il caso di Poggio Gramignano.

Endnotes

1. "What It Feels Like to Have Malaria," Gates Blog by Bill Gates. April 25, 2014. https://www.gatesnotes.com/What-Malaria-Feels-Like-Mosquito-Week.
2. Lara Zekar, Tariq Sharman, "Plasmodium falciparum Malaria" National Institutes of Health National Library of Medicine 8-8-2022 https://www.ncbi.nlm.nih.gov/books/NBK555962/; Joan Stivala, "Malaria and miscarriage in ancient Rome," Canadian Bulletin of Medical History 32(1) 2015 pp. 143-161 in cui l'autore afferma che i feti abortiti non erano così comunemente indotti quanto piuttosto il risultato di aborti spontanei causati da malattie come, soprattutto, la malaria. La ricerca attuale di Hendrik Poinar e Stephanie Marciniak spera di chiarire più definitivamente la questione della presenza di Plasmodium falciparum nel cimitero di Poggio Gramignano. È possibile che fossero presenti anche Plasmodium vivax e altre malattie come il colera.
3. David Soren, "Can Archaeologists Excavate Evidence of Malaria," World Archaeology, Vol. 35 No. 2 2003 pp. 193-209; David Soren, Todd Fenton, Walter Birkby, "The Late Roman Infant Cemetery near Lugnano in Teverina, Italy: some implications," Journal of Palaeopathology 7 (1) 1995 pp. 13-42; Robert Sallares, Malaria and Rome: A History of Malaria in Ancient Italy (Oxford University Press, 2002); Sallares and S. Gomzl, "Biomolecular Archaeology of Malaria," Ancient Biomolecules 3 (3) 2001 pp. 195-213; Sallares, Abigail Bouwman, Cecilia Anderung, "The Spread of Malaria to Southern Europe in Antiquity: New Approaches to Old Problems," Medical History 48 2004 pp. 311-328 e in particolare pp. 319-322 sulle prove dirette degli scavi di Lugnano in Teverina; Jamie Inwood, "Identifying Malaria in Ancient Human Remains: An Investigation Into the Interactions Between Ancient Disease and Population Dynamics," Ph.D. Dissertation, Yale University 2017; Jamie Inwood, "Malaria Test Developed for Ancient Human Remains," Archaeology (AIA News) 3-17-2015. https://www.archaeology.org/news/3089-150317-malaria-parasite-bone/; Jim Shelton, "Creating a malaria test for ancient human remains," Yale News 3-17-2015.
4. Jordan P. Wilson, "Negotiating Infant Parenthood in Death: Interpreting Atypical Burials in the Late Roman Infant and Child Cemetery at Poggio Gramignano (Italy)," American Journal of Archaeology 125.2 2022 p. 223.
5. Per i dati attuali sulla malaria, consultare i dati sulla salute infantile di UNICEF disponibili liberamente in internet. La data intorno al 450 è determinata dallo studio dei reperti recuperati dal sito, e anche dal resoconto del viaggiatore Sidonio Apollinare nel 467 d.C., che riferisce di una zona ancora malarica lungo la Via Flaminia (Ep. 1.5-1.7). Abbiamo anche sostenuto che Papa Leone I riuscì a scoraggiare Attila l'Unno dall'invadere Roma nel 452, avvertendolo del pericolo di una diffusa malattia per lui e le sue truppe se avesse proseguito, e si riporta che le sue truppe fossero già malate a quel tempo. Su questo vedi Frank Romer, "Famine, Pestilence and Brigandage in Italy in the Fifth Century A.D." in David and Noelle Soren, A Roman Villa and a Late Roman Infant Cemetery (L'Erma di Bretschneider, 1999) p. 472; vedi anche An-

drew Thompson, "Malaria and the Fall of Rome," BBC Website 2-17-2011: https://www.bbc.co.uk/history/ancient/romans/malaria_01.shtml.

6. Per i diversi tipi di tombe vedi: David Soren, Todd Fenton, Walter Birkby, "The Infant Cemetery at Poggio Gramignano: Description and Analysis," in Soren and Soren pp. 490-491 and more recently Wilson 2022 p. 236; Jazz Demetrioff, "Malaria's Breeding Grounds and Effects on Ancient Rome," Past Imperfect Vol. 22 No. 1 2020 pp. 1-30. Per le tipologie di anfore impiegate vedi Archer Martin, "Amphorae" in Soren and Soren pp. 329-362.
7. Per le sepolture romane di suggrundaria e le sepolture di neonati all'interno di fortificazioni collinari, ville, officine e abitazioni, vedi Maureen Carroll, Infancy and Earliest Childhood in the Roman World: 'A Fragment of Time' (Oxford University Press 2018) p. 163. A quanto pare, sia le sepolture in stile suggrundaria e sia quelle in cimiteri separati per adulti e bambini/neonati avvenivano in varia misura in diversi siti. Oltre a quanto sottolineato da Carroll, vedi C. Tassinari, "Archeologia funeraria a Colombarone (PU): il suggrundarium tardoantico. Caratteri e problematiche di un rituale funerario", Ocnus XIV 2006 pp. 303-308.
8. Su queste pratiche si veda Soren, Fenton e Birkby 1998, p. 526.; Maureen Carroll, "Infant Death and Burial in Roman Italy." Journal of Roman Archaeology 24, no. 2 (2011), pp. 99-120 e in particolare le pagine 102-104. Carroll suggerisce un tasso di mortalità fino al 50% prima dei 10 anni; vedi anche J. Pearce, "Infants, Cemeteries and Communities in the Roman Provinces." In TRAC 2000: Proceedings of the Tenth Annual Theoretical Roman Archaeology Conference, a cura di D. Davies, A. Gardner e K. Lockyear. (Oxford: Oxbow, 2001), pp. 125–42; A. B. Scott e T.K. Betsinger, "Excavating Identity: Burial Context and Fetal Identity in Post-Medieval Poland." In The Anthropology of the Fetus: Biology, Culture, and Society, a cura di S. Han, A.B. Scott e T.K. Betsinger (New York: Berghahn 2017), pp. 146-168. Gowland et al. suggeriscono un tasso di mortalità infantile del 30% in Rebecca L. Gowland, A. Chamberlain e Rebecca C. Redfern, "On the Brink of Being: Re-evaluating Infanticide." Journal of Roman Archaeology Suppl. 96, 2014, pp. 69–88.
9. Il Concilio di Cartagine nel 252 d.C. decretò che i bambini dovevano essere inclusi nelle sepolture cristiane e non scartati, poiché i neonati appena nati, "liberi dal peccato effettivo", dovevano essere battezzati e quindi formalmente accolti nella fede. Per la cura dei neonati cristiani, vedere É. Rebillard, The Care of the Dead in Late Antiquity. Ithaca: Cornell University Press 2010, p. 174.
10. Eleanor Scott, "Sepolture di animali e bambini nelle ville romano-britanniche: un movimento di revitalizzazione," in P. Garwood, D. Jennings, R. Skeates e J. Toms, Sacred and Profane: Atti di una conferenza su archeologia, rituali e religione a Oxford (Oxford University Committee for Archaeology 1991), pp. 116-121. R. Linton, "Movimenti nativistici," American Anthropologist 45, n. 1 (1943), pp. 230-240. Per una discussione sulla teoria dell'antropologia medica e la necessità di evitare di valutare le situazioni antiche come se fossero affrontate da persone moderne, vedere C. Rosenburg, "Malattia nella storia: quadri e chiavi di lettura," The Mil-

bank Quarterly, Vol. 67, n. 1 (1989), pp. 1-15; J. Arrizabalaga, "Problematiche nella diagnosi retrospettiva nella storia delle malattie," Asclepio: Archivo Iberoamericano de Historia de La Medicina y Antropologia Medica, Vol. 54, n. 1 (2002), pp. 51-70; https://doi.org/10.3989/asclepio.2002.v54.i1.135.

11. Plutarco, Consolatio ad uxorem. Per il nuovo punto di vista, vedere Maureen Carroll, "Morte e sepoltura infantile nell'Italia romana." Journal of Roman Archaeology 24, n. 2 (2011), p. 100. Vedere anche Han Baltussen, "Dolore personale e lutto pubblico nella 'Consolazione alla moglie' di Plutarco," The American Journal of Philology Vol. 130, n. 1 (Primavera 2009), pp. 67-98.
12. Maureen Carroll 2018 pp. 147-177 sulla mors immature: Naomi J. Norman, "Death and burial of Roman children: the case of the Yasmina cemetery at Carthage—part I, setting the stage," Mortality 7, no. 3 (2002) pp. 302-323; Wilson 2022 pp. 219-241.
13. Wilson 2022 p. 220.
14. Wilson 2022 p. 222; Plutarco, Numa 12; Paolo, Sententiae Pauli 1.21.13-14; Cicerone, Tusculanae Disputationes 1.93; Ulpiano, Fontes Iuris Romani Anteiustiniani 2.536.
15. Giovenale, Satire 15.139; Plinio il Vecchio, Naturalis Historia 7.68-7.72.
16. Plutarco, Consolatio ad uxorem 6; Seneca, Ad Lucilium Epistulae Morales 99; Tacito, Annales 15.23; Carroll 2011 p. 100.
17. Plutarco, Consolatio ad uxorem 3.
18. Stazio, Tebaide 4. 76-95; Virgilio, Eneide, 6.426-29.
19. Émile Jobbé-Duval, Les morts malfaisants, (Paris: Recueil Sirey, 1924).
20. Carroll 2011 p. 106.
21. Carroll 2011 p. 108.
22. Questa procedura è stata istituita in consultazione con l'allora collega dell'Università dell'Arizona Michael Brian Schiffer, seguendo il suo "Formation Processes of the Archaeological Record" (University of New Mexico Press, 1987).
23. David Soren, Todd Fenton e Walter Birkby, "The Infant Cemetery at Poggio Gramignano: Description and Analysis" in Soren e Soren 1999 p. 501. Inoltre, si veda Wilson 2022 p. 236 che scrive: "In modo stranamente simile, Soren e Soren (1999, 481) descrivono uno scavo inedito di Marshall Joseph Becker in località Avallone - Pontecagnano vicino Salerno (Italia), nel 1991, in cui furono trovate tre sepolture in anfora di neonati in associazione con una falange del piede, non ulteriormente specificata, di un adolescente di 14-17 anni. Sull'atteggiamento generalmente positivo dei Romani verso la nascita di gemelli, vedi Veronique Dasen, "Blessing or Portents: Multiple Births in Ancient Rome," in K. Mustakellio, J. Hanska, H.-L. Sainio, V. Vuolonto (editors), Hoping for Continuity. Childhood, Education and Death in Antiquity and the Middle Ages (Acta Instituti Romani Finlandiae XXIII, Rome 2005) 72-83. Ma non conosciamo l'atteggiamento verso le nascite gemellari quando entrambi nascono morti.
24. Un ringraziamento speciale a Sarah Iles Johnston per queste informazioni. Vedi anche Sarah Iles Johnston, Restless Dead (Berkeley: University of California Press 1999) capitolo 3 sulla

funzione del goes e la sua capacità di comunicare con e placare i morti inquieti. Johnston ha anche distinto un goes da un magus, meno frequentemente associato all'invocazione dello spirito dei morti.

25. Archer Martin, "Additional Small Finds" in Soren and Soren p. 445.
26. Per tali tipi di sepolture a Dorchester, Winchester e soprattutto Oakridge, dove le deposizioni funeraire erano associate a 7 cani adulti e 87 cuccioli, vedi Dale Serjeanston e James Morris, "Ravens and Crows in Iron Age and Roman Britain," Oxford Journal of Archaeology 30 (1) 2011 pp. 85-107, in particolare a pagina 95.
27. M. J. Green, Animals in Celtic Life and Myth, Londra 1992, pp. 177-181 e Serjeantson pp. 96, 99-100; Derek Radcliffe, The Raven (Londra: T and A.D. Poyser, 1997 p. 10); Soren e Soren tavola 234; Soren, Fenton e Birkby p. 495. Plinio il Vecchio, Storia naturale, X.60.121-124 racconta la popolarità dei corvi a Roma come uccelli parlanti e ottimi animali domestici che erano particolarmente amati dai loro proprietari e avevano funerali distinti.
28. Soren and Soren, tavola 235.
29. Michael McKinnon, "Animal Bone Remains," Soren and Soren p. 550; Garth H. Gilmour, "The Nature and Function of Astragalus Bones from Archaeological Contexts in the Levant and Eastern Mediterranean," Oxford Journal of Archaeology 17 December 2002 pp. 167-175. Jacopo De Grossi Mazzorin and Claudia Minniti, "Ancient Use of the knuckle-bone for rituals and gaming piece," Anthropozoologica 48 (2) 2013 pp. 371-390 and especially p. 377.
30. Leslie Shumka, "A Bone Doll from the Infant Cemetery at Poggio Gramignano," in Soren and Soren pp. 615-618. See also Soren, Fenton and Birkby in Soren and Soren 1999 p. 500.
31. Plinio il Vecchio NH. 27.94.120; Soren, Fenton and Birkby in Soren and Soren 1999 p. 523.
32. Soren, Fenton and Birkby in Soren and Soren p. 496.
33. Martin, Small Finds in Soren and Soren 1999 p. 449.
34. Sui chiodi votivi, vedi Silvia Alfaye Villa, "Nails for the Dead: A Polysemic Account of an Ancient Funerary Practice," in Richard L. Gordon, Francisco Marco Simon, editori, Magical Practice in the Latin West: Papers from the International Conference Held at the University of Zaragoza, 30 Sept.-1st October 2005 (Brill: Leiden, 2010) pp. 427-456. Vedi anche M. G. Maioli, "Magia e superstizione" in J. Ortalli e D. Neri (editori), Immagini divine. Devozioni e divinità nella vita quotidiana dei Romani, testimonianze archeologiche dall'Emilia Romagna (Bologna, 2007) p. 108. In Lucano, la negromante Eritto rimuove i chiodi di ferro che fissano le mani dei morti, rendendo così vano questo tentativo di difendere i vivi dai morti (Lucano, Pharsalia 6. 413-587). Su questo, vedi Maureen Carroll, "Infant Death and Burial in Roman Italy." Journal of Roman Archaeology 24, no. 2 (2011) p. 108. Sulla potenza protettiva del ferro, vedi Plinio il Vecchio, Hist. Nat. XXXIV.XLIV, che nota come una recinzione di chiodi di ferro estratti da tombe e piantati davanti alla soglia di una casa possa proteggere dagli incubi.
35. Giuseppina Borghetti "Consistenza dei reperti di vetro della villa di Poggio Gramignano," in Soren and Soren p. 403 no. 59 Tavola 229.

36. Sui vasi capovolti posti come caratteristica dei banchetti rituali, vedi Crawford Greenewalt e Sebastian Payne, Ritual Dinners in Early Historic Sardis (Berkeley: University of California Press, 1978) p. 55. Per la moneta citata si rimanda a E. Spagnoli, in Soren et Alii 2022, La villa romana di Poggio Gramignano (Lugnano in Teverina): notizie dagli scavi 2016-2019, pp. 162-164, in E. Roscini (a cura di) Fra Tutela e Ricerca. Indagini Archeologiche in territorio amerino, Perugia, 2022.
37. Per la masticazione dell'olivello spinoso per allontanare i fantasmi durante la festa dei morti nota come Anthesteria ad Atene, vedi Johnston 1999 p. 64. Anche oggi l'olivello spinoso ha connessioni con la magia e la stregoneria, basta navigare in internet per rendersene conto, probabilmente a causa del suo cattivo odore.
38. MacKinnon in Soren e Soren 1999 p. 540. Per l'uso di una scrofa per salvare Proca dall'essere rapito, vedi Ovidio, Fasti 6.143-144; 159-162 e Maxwell Teitel Paule, Canidia, Rome's First Witch (Bloomsbury: Londra, 2018) pp. 67-70 sulla storia di Proca in Ovidio. Vedi anche la nota 73 di seguito e Varrone, RR II.4.15; Plinio, Hist. Nat. VII.77.206. Per usi rituali del sacrificio del cane e i cani come guardiani, vedi anche V. Amoretti, C. Bassi e A. Fontana, "Associated stillborn and dog burials: the uncommon case of the cemetery of Via Tommaso Gar (TN)" in Valentino Nizzo (ed.), Archeologia e Antropologia a confronto: archeologia e antropologia della morte 1: La regola dell'eccezione. Atti del Terzo Incontro Internazionale di Studi (Ant-Arc: Roma) pp. 319-330.
39. MacKinnon p. 545.
40. MacKinnon pp. 542-543.
41. MacKinnon pp. 548-549. Un recente articolo indipendente sui ritrovamenti di cani (e in particolare cuccioli) nel sito di Poggio Gramignano / Lugnano in Teverina si trova in Giulia Pedrucci, "Cuccioli di uomo, cuccioli di cane. Nuove proposte per l'interpretazione del materiale proveniente dalla necropoli di Lugnano in Teverina", in C. Terranova (a cura di), La presenza dei bambini nelle religioni del Mediterraneo antico. La vita e la morte, i rituali e i culti tra archeologia, antropologia e storia delle religioni (Aracne: Roma, 2014) pp. 185-216.
42. Symbolism and Mortuary Practice. Dogs in Fractions- Symbols in Action," Archaeology and Environment 11 1991 pp. 33-38. Vedi anche Greenewalt and Payne 1978.
43. MacKinnon p. 549; Vedi anche Virgilio, Eneide XII.753.
44. Barbara Wilkens, "The Sacrifice of Dogs in Ancient Italy," in Lynn M. Snyder, Elizabeth A. Moore (editors), Dogs and People in Social, Working, Economic or Symbolic Interaction (Oxbow Books, Oxford 2006) pp. 131-136; (no author), "Dog burial as common ritual in Neolithic populations of north-eastern Iberian Peninsula," Science Daily 2-14-2019 https://www.sciencedaily.com/releases/2019/02/190214153031.htm.
45. Gillian Clark, "Philosophers' Pets: Porphyry's Partridge and Augustine's Dog," in T. Fögen and E. Thomas, Interactions between Animals and Humans in Graeco-Roman Antiquity (Walter de Gruyter: Berlin, 2017) p. 139.

46. Columella, De Re Rustica, 7.1-14.
47. Plinio, Nat. Hist., Volume I: Books 1-2, tradotto da H. Rackham. Loeb Classical Library 330, Cambridge, MA: Harvard University Press, 1938. Riguardo il cane di Alessandro Magno, vedi Plinio, Nat. Hist. 8.147.
48. Xenofonte, Cynegeticus (Caccia con i cani); Arriano 5.1-2; Sian Lewis, "A Lifetime Together? Temporal Perspectives on Animal–Human Interactions," in Thorsten Fögen and Edmund Thomas (editors), Interactions between Animals and Humans in Graeco-Roman Antiquity (Berlin: De Gruyer, 2007) p. 19.
49. Clark, Gillian, T. Fögen, and E. Thomas. "Philosophers' pets: Porphyry's partridge and Augustine's dog." in Fögen and Thomas 2007 p. 101.
50. Michael MacKinnon and Kyle Belanger, "In sickness and in health: care for an arthritic Maltese dog from the Roman cemetery of Yasmina, Carthage, Tunisia," in Snyder, Moore et al 2006 p. 40.
51. Wilkens 2006 pp. 132-133.
52. Maria A. Liston, Susan I. Rotroff e Lynn M. Snyder, The Agora Bone Well (Hesperia Suppl. 50). (American School of Classical Studies at Athens, Princeton 2018). Sull'uso del sacrificio del cane in generale, vedi Nicola Zaganiaris, "Sacrifices de chien dans l'antiquité Classique," Platon 27, 1975 pp. 322-329, e anche Jacopo De Grossi Mazzarin e Claudia Minniti, "Dog Sacrifice in the Ancient World: A Ritual Passage," in L.M. Snyder ed E.A. Moore (a cura di), Dogs and People in Social, Working, Economic or Symbolic Interaction, 9th ICAZ Conference, Durham 2002 (Università di Durham, 2006) pp. 62-66. Sul sacrificio del cane vicino a Lugnano in Teverina nel periodo tardo antico, vedi Francesca Alhaique e Michele Tommaso Fortunato, "Possible evidences for a Dog Sacrifice at Ferento (Viterbo) in the Late Antique Period," Annali dell'Università degli Studi di Ferrara, Sezione di Museologia Scientifica e Naturalistica volume 11 n. 2 (2015) pp. 109-114. Per la connessione del sacrificio del cane, di Ecate e delle dee della nascita con documentazione completa delle fonti antiche, vedi Johnston 1999 pp. 211-212.
53. Bettina Bergman, "The Roman House as Memory Theater: The House of the Tragic Poet in Pompeii," The Art Bulletin Vol. 76, No. 2 (June 1994) pp. 225-256. Per le sepolture di cani con neonati, vedi anche David Miles (ed.), Archaeology at Barton Court Farm, Abingdon, Oxon, Oxford Archaeology Unit (Oxford 1986) pp. 15, 84-85. Per una panoramica su tre cimiteri tardo-antichi e la funzione delle loro sepolture di cani e neonati (Lugnano in Teverina, Peltuinum e Colombarone), vedi Lidia Vitale, "Sleeping with the dogs: animal sacrifices in the infant cemeteries. Examples from Late-Antiquity Italian necropoleis," Presentation Summary for The Society for the Study of Childhood in the Past. 10th International Conference: The life and Death of children in the past. November, 6th – 10th 2017, Templo Mayor Museum, Mexico City. Cortesia del Dipartimento di Studi sul Mondo Antico, Università di Roma, La Sapienza.
54. Alessio Sassù, "Through impurity: a few remarks on the role of the dog in purification rituals of the Greek world", in P. A. Johnston - A. Mastrocinque - S. Papaioannou (eds.), Animals in

Greek and Roman Religion and Myth, (Newcastle upon Tyne: Cambridge Scholars Publishing, 2016), pp. 393-418 and especially 396-399.

55. Plutarco Quaest. Rom. 280c e J. De Grossi Mazzorin, "L'uso dei cani nei riti funerari. Il caso della necropoli di età imperiale a Fidene - via Radicofani", in M. Einzelmann et al. (eds.), Römischer Bestattungsbrauch und Beigabensitten in Rom, Norditalien und den Nordwest-provinzen von der späten Republik bis in die Kaiserzeit. Internationales Kolloquium Rom, 1-3 April 1998 (Reichert, Wiesbaden 2001) pp. 77-82. Varro RR II.4.15; Plinio Hist. Nat. VII.77.206. Per gli usi rituali del sacrificio dei cani e dei cani come guardiani, si veda anche Amoretti V., Bassi C., Fontana A., "Associated stillborn and dog burials: the uncommon case of the cemetery of Via Tommaso Gar (TN)" in Valentino Nizzo (ed.), Archeologia e Antropologia a confront: archeologia e antropologia della morte 1: La regola dell'eccezione. Atti del Terzo Incontro Internazionale di studi (AntArc: Rome) pp.319-330.
56. Sulle procedure di sepoltura atipiche in generale, vedi A. Taylor, "Aspects of Deviant Burial in Roman Britain," in E.M. Murphy (a cura di), Deviant Burial in the Archaeological Record (Oxford: Oxbow 2008) pp. 91–114 e in particolare p. 100. La sepoltura B36 è stata inizialmente identificata come femminile, ma ciò è stato messo in discussione dalla nostra nuova ricerca e attende ulteriori conferme.
57. La piccola pietra di ardesia aveva una piccola depressione centrale interpretata come sufficientemente grande e profonda per mescolare qualcosa di leggero, ma ulteriori ricerche comparative sono necessarie. Invece in merito all'offerta rituale romana di un cranio di bovino insieme a cuccioli di cane si rimanda al sito di Hatch Furlong a Ewell, in Inghilterra, 12 miglia a sud di Londra, vedi: https://www.yourlocalguardian.co.uk/news/11351869.suspected-roman-ritual-pit-found-in-archaeological-dig-in-ewell/; Guardian 7-18-2014. Sull'utilizzo del cranio di mucca o bue come immagine sacrificale tradizionale greco-romana, vedi Calder Loth, "Bucrania," Institute of Classical Architecture and Art (Online) 13 giugno 2013; https://www.classicist.org/articles/classical-comments-bucrania/.
58. James Yates, "Dolabra," in William Smith, A Dictionary of Greek and Roman Antiquities (John Murray, London, 1875) p. 420.
59. David Soren, Malaria, Witchcraft, Infant Cemeteries and the Fall of Rome (San Diego State University Department of Classics and Humanities 4-13-2002) pp. 11-12. Sul timore dei demoni che uccidono bambini nell'Italia antica, vedi Titel Paule p. 65. Vedi anche Debbie Felton infra, nota 70.
60. Alcuni dei bambini presentavano una condizione nota come iperostosi porotica, che compare frequentemente in presenza di malaria. L'iperostosi porotica (cribra orbitale) è una condizione patologica che colpisce le ossa della volta cranica ed è caratterizzata da aree localizzate di tessuto osseo spugnoso o poroso. Di conseguenza, il tessuto spugnoso all'interno delle ossa del cranio si gonfia e distorce l'aspetto mentre il tessuto della superficie esterna diventa più sottile e poroso. Tuttavia, l'iperostosi porotica non compare solo in presenza di malaria, come dimostrato da

campionamenti ripetuti. Vedi Nicole E. Smith-Guzman, "The skeletal manifestation of malaria: An epidemiological approach using documented skeletal collections," American Journal of Biological Anthropology 7-24-2015; Alvie Loufouma Mbouaka, Michelle Gamble, Christina Wurst, Heidi Yoko Jäger, Frank Maixner, Albert Zink, Harald Noedl & Michaela Binder, "The elusive parasite: comparing macroscopic, immunological, and genomic approaches to identifying malaria in human skeletal remains from Sayala, Egypt (third to sixth centuries AD)," Archaeological and Anthropological Sciences volume 13, Article number: 115 (2021).

61. Christian Laes, "The Educated Midwife in the Roman Empire, An Example of Differential Equations," in Manfred Horstmanshoff, Hippocrates and Medical Education. Studies in Ancient Medicine Vol. 35 (Brill: Leiden, 2010) pp. 261-286; Lauren Hackworth Petersen, Patricia Salzman-Mitchell (editors), Mothering and Motherhood in Ancient Greece and Rome (University of Texas Press: Austin, 2012).
62. Valerie French, "Midwives and Maternity Care in the Ancient World," in Rescuing Creusa: New Methodological Approaches to Women in Antiquity, (Helios, New Series 13(2) Special Issue 1986), pp. 69-84. On the education of midwives in Rome see Christian Laes, "The Educated Midwife in the Roman Empire: An Example of differential Equations," in Manfred Horstmanshoff (editor), Hippocrates and Medical Education. Studies in Ancient Medicine Vol. 35 (Brill: Leiden 2010) pp. 261-286. Sulle presunte cure di Plinio per la malattia successivamente identificata come malaria, vedi Laura D. Lane, "Malaria: medicine and magic in the Roman world," in Soren and Soren 1999 pp. 633-652.
63. Gyn.1.2.4.
64. René S. Bloch, Ancient Jewish Diaspora: Essays on Hellenism (Brill: Leiden, 2022) p. 42 citando il lavoro di Fritz Graf. Sulla scarsa importanza del mago e della magia stessa nell'antica Roma, vedi anche Justin J. Meggitt, "Did Magic Matter? The Saliency of Magic in the Early Roman Empire," Journal of Ancient History, vol. 1, n. 2, 2013, pp. 170-229. Su come le sagae fossero viste nell'antica Roma, vedi Pauline Ripat, "Roman Women, Wise Women and Witches," Phoenix Vol. 70 pp. 104-128.
65. Luisa Migliorati, Ivana Fiore, Antonella Pansini, Paola Francesca Rossi, Tiziana Sgrulloni, Alessandra Sperduti, "Sepolti nel teatro: il valore simbolico dei cani in sepolture communi infantile," Scienze dell'Antichità, Università di Roma, La Sapienza 23 (3) 2017 pp. 593-611. Sarah Iles Johnston ha suggerito in una comunicazione personale che i cani sacrificati in questo sito potrebbero essere stati destinati come offerte alle dee della nascita.
66. Hontos Iovios era apparentemente una divinità agricola a cui venivano sacrificati cuccioli durante il festival di Hondia, come indicato sulla Tavoletta Iguviana II. Si ritiene che Hontos Iovios abbia forti connessioni ctoniche e il nome "Hontos" è ritenuto significare "sottomondo" in umbro (Aldo Luigi Prosdocimi, "L'Umbro," in A. L. Prosdocimi, Lingue e dialetti dell'Italia antica (Popoli e civiltà 1. Italia antica VI), Roma e Padova 1978, a cura di A. L. Prosdocimi, pp. 713-717; 761-762).

67. Anche oggi la credenza in ciò che molti percepiscono come fatto scientifico consolidato è contestata da quasi metà della popolazione negli Stati Uniti, che crede nel soprannaturale. Secondo un sondaggio YouGov del 2019, il 45% degli americani attualmente crede nell'esistenza di fantasmi e demoni.
68. Un esempio è Giulia, figlia dell'imperatore Augusto, e un altro è Tullia, figlia di Cicerone. Sui rischi del parto e sull'importanza delle levatrici, vedi Donald Todman, "Childbirth in ancient Rome: From traditional folklore to obstetrics," Australian and New Zealand Journal of Obstetrics and Gynaecology 47 (2) pp. 82–85.
69. Sulla difficoltà del vocabolario latino nel determinare cosa sia un demone o una strega, vedi il capitolo 1 di Teitel Paule.
70. Debbie Felton, "Witches, Disgust and Anti-Abortion Propaganda in Imperial Rome," in Donald Lateiner, Dimos Spatharos (editors), The Ancient Emotion of Disgust (Oxford Scholarship Online, novembre 2016) pp. 189-202, in cui si discute lo stigma legato ai feti abortiti nell'antica Roma e la presunta predilezione delle streghe nell'attaccare feti e neonati.
71. Le libagioni per i morti nell'antica Grecia erano conosciute come nephalia (νηφάλια). Nell›Odissea di Omero, Ulisse scava una fossa sacrificale per le divinità ctoniche intorno alla quale versa, nell'ordine, miele, vino e acqua. Odissea 11.1-6.
72. Orazio, Epode V.17-20.
73. Orazio, Epode V.70-74.
74. Orazio, Epode V.87-94.
75. La malaria da Plasmodium falciparum è trasmessa dalle zanzare che generalmente pungono di notte tra il tramonto e l'alba. Fonte: National Health Service of Scotland. Sebbene gli antichi romani non sapessero che erano le zanzare a trasmettere la malattia, tuttavia potrebbero aver capito comunque che essa si diffondeva con il buio.
76. Christopher Michael McDonough, ""Carna, Proca and the Strix on the Kalends of June", Transactions of the American Philological Association 27 (1997): 315-344; Ovidio, nei Fasti 6.101-182, racconta una storia ambientata nel periodo dei re albani, in cui un principe ereditario di cinque giorni viene attaccato da diverse strigi. Per proteggerlo, viene offerto il sacrificio di un maialino, le cui viscere vengono lasciate fuori per le creature. La salute del bambino ritorna dopo una cerimonia in cui venne cosparso d'acqua con un ramo di corbezzolo.
77. Orazio, Epode V.19-20.
78. Plauto, Pseudolus (The Cheat) 3.2.
79. Fasti VI. 159-162; Sulle strigi in generale vedi anche Daniel Ogden, The Strix-Witch (Cambridge University Press, 2021).
80. Ovidio, Fasti VI.132. Se vivi nelle pendici dell'Arizona meridionale e hai dei gufi urlatori occidentali che vivono sotto le tue grondaie, come molti hanno, puoi sentire il loro verso quando ti avvicini a loro e notare che ruotano completamente la testa per fissarti.

81. Laura Cherubini, "The Virgin, The Bear, The Upside-Down Strix: An interpretation of Antoninus Liberalis 21," Arethusa Vol. 42, No. 1 (Winter 2009) pp. 77-97.
82. Montgomery, James A. "The Lilith Legend." The Museum Journal IV, no. 2 (June, 1913): 62-65; Paule 2018 pp. 55-57 con dettagliata bibliografia.
83. Dominique Collon (2005). The Queen of the Night. British Museum Objects in Focus. (London: British Museum Press, 2005); Pauline Albenda, "The 'Queen of the Night' Plaque: A Revisit". Journal of the American Oriental Society. American Oriental Society. 125 (2) 2005 pp. 171–190.
84. Johnston 1999, p. 174, nota 30. Hana Šedinová, "The 'Lamia' and Aristotle's Beaver: The Consequences of a Mistranscription," Journal of the Warburg and Courtauld Institutes, Vol. 78, No. 1 (2016), pp. 295-306; David Water Leinweber, "Witchcraft and Lamiae in 'The Golden Ass,'" Folklore 105 (1-2) (1994), pp. 77-82; vedi anche Diodoro Siculo 20.41 per la Lamia come divoratrice di bambini; David Walter Leinweber, "Witchcraft and 'Lamiae' in The Golden Ass," Folklore 105 (1994), pp. 77-82.
85. Sarah Iles Johnston, "Here Lies Hecate: Poetry and Apotheosis in Second-Century Mesembria," Archiv für Religionsgeschichte Vol. 24 (No. 1) 2023, pp. 305-317 e in particolare 314; Sarah Iles Johnston, "Crossroads." Zeitschrift für Papyrologie und Epigraphik 88 (1991), p. 218. Per un caso di una donna mortale fusa con la dea Ecate stessa, vedi Colleen Kron, "How to Become Immortal and Ageless: Affording Belief in Epitaphs with Extraordinary Claims," Archiv für Religionsgeschichte, vol. 24, no. 1 (2023), pp. 281-303.
86. Nerea López Carrasco, "The Conception of the Goddess Hecate in Plutarch," Brill's Plutarch Studies Vol. 6 (Leiden) 2020, pp. 256-285, discute l'evoluzione della dea da Esiodo a Plutarco; Patricia A. Marquardt, "A Portrait of Hecate," The American Journal of Philology, Vol. 102 (no. 3) 1981, pp. 243-260.
87. Un ringraziamento speciale a Sarah Iles Johnston per il suo aiuto nel comprendere le complessità del culto di Ecate. Johnston 1991, p. 218: "Con il tempo divenne sempre più strettamente associata agli stessi fantasmi, perché una padrona che poteva tenerli a bada poteva anche guidarli, e nei suoi momenti irati e non placati poteva dar loro libertà di seminare terrore."
88. Johnston 1999 p. 206.
89. James B. Rivas, "Magic in Roman Law: The Reconstruction of a Crime," Classical Antiquity 22 (2) 2003, pp. 317-322, riguardo la Lex Cornelia de Sicariis et Veneficiis dell'81 a.C. all'epoca del dittatore Silla. Era una legge emanata specificamente contro assassini e avvelenatori e dimostra fino a che punto la pratica della magia e dell'incantesimo fosse diffusa già in quel periodo.
90. Paule 2018 pp. 14-16.
91. Stefan Tilg, Apuleius' Metamorphoses: A Study in Roman Fiction (Oxford Scholarship Online, 2014) Chapter 8.
92. Regine May, "Courtroom Drama: Apuleius'Apologia," in Regine May, Apuleius and Drama: The Ass on Stage (Oxford Scholarship Online, 2006) pp. 73-108.

93. Apuleio, Metamorphoses Chapter 2 and especially 21-30.
94. Diodoro Siculo IV.45.2 discusses the lineage of Hecate; see also Paule 2008 pp. 43-44.
95. Lucano, Pharsalia 6.413-774.
96. Lucano, Pharsalia 6.651.
97. Lucano, Pharsalia 6.507.
98. Lucano, Pharsalia 6.566-568; Traduzione di A. S. Kline.
99. Sarah Iles Johnston, "Defining the Dreadful: Remarks on the Greek Child-Killing Demon," in Marvin W. Meyer and Paul Allan Mirecki, (eds.), Ancient Magic and Ritual Power (1995) pp. 361–387; Per vari demoni con caratteristiche simili, vedi Johnston 1999, pp. 161-199.
100. Johnston 1999 p. 164.
101. Aristofane, Rane 293 e segg., in un riferimento comico afferma che l'empusa metamorfica aveva una gamba di bronzo e una fatta di sterco di mucca! Per ulteriori informazioni su questo, vedi Christopher G. Brown, "Empousa, Dionysus and the Mysteries: Aristophanes, Frogs 285 e segg.", Classical Quarterly 41 (1991), pp. 41-50. Johnston 1999, pp. 133-134, discute l'origine di empusa e determina che si tratti di qualcuno che ostacola o impedisce il progresso degli altri verso l'iniziazione religiosa o la purificazione. Fornisce anche un'ampia documentazione per la connessione con Ecate. Per ulteriori dettagli, vedi Teitel Paule 2018, pp. 108-137.
102. Si pensava che un'empusa potesse essere scacciata dall'uso di aischrologia, ossia insulti gridati contro di essa. Per ulteriori informazioni su questo, vedi Paule 2018, pp. 124-125, che riporta (pagina 78) il tenere lontana la strix attraverso sacrifici rituali o incantesimi. Anche una fascia viola sulla toga praetexta, la toga indossata dai ragazzi fino all'età adulta, era considerata efficace nel senso che sottolineava l'inviolabilità dell'infanzia; Vedi anche S. Sergio Ingallini, Orazio e la magia (Palumbo: Palermo, 1974), pp. 109-115, per una discussione della confisca da parte delle streghe della presunta bulla apotropaica o amuleto protettivo del ragazzo catturato in Orazio, Epodi V.11-12.
103. Plutarco, Quaestiones Romanae 52,277a. Sull'atteggiamento delle giovani madri di fronte al parto, vedi ora Anna Bonell Freiden, Birthing Romans: Childbearing and Its Risks in Imperial Rome (Princeton University Press, 2024).
104. Tertulliano, Ad Nationes ii, 11. Sulla natura magica della candela quale simbolo che rappresenta e riflette la vita futura desiderata per il neonato, vedi Eli Edward Burriss, Taboo, Magic, Spirits: A Study of Primitive Elements in Roman Religion (1931; ristampa Create Space/Amazon, 2015), p. 34. Fino al periodo cristiano, la luce delle candele veniva usata per illuminare le icone nelle camere dei bambini per scacciare il demone gello in Grecia. A riguardo, Karen Hartnup, On the Beliefs of the Greeks: Leo Allatios and Popular Orthodoxy (Brill, 2004), p. 95.
105. Daniel Ogden, Magic, Witchcraft, and Ghosts in the Greek and Roman Worlds: A Sourcebook (Oxford Univ. Press, 2002); Debbie Felton, Haunted Greece and Rome: Ghost Stories from Classical Antiquity (University of Texas Press: Austin, 1999); Antonio Stramaglia, Res inauditae, incredulae: Storie di fantasmi nel mondo greco-latino (Levante Editore: Bari 1999).

106. Sull'Editto di Milano del313 d. C. vedi Willis G. Swartz, "The Early Church Persecution of Paganism and Heresy, Social Science Vol. 2, No. 2 1927 pp. 135-142; Alan Cameron, The Last Pagans of Rome (Oxford Academic Press, 2010).

107. Sarah Iles Johnston, Hekate Soteira: A Study of Hekate's Roles in the Chaldean Oracles and Related Literature (Oxford University Press, 1990), discute questo attributo in termini di teurghi, ma iscrizioni che implicano un aspetto più universale per Ecate Soteira si trovano nelle seguenti fonti: Theodora Suk Fong Jim, Saviour Gods and Soteria in Ancient Greece (Oxford University Press, 2022), Appendice III: Hekate Soteira in epitaffi. Vedi anche Murat Aydas, "New Inscriptios from Stratonikeia and Its Territory," disponibile online su https://www.acarindex.com/pdfler/acarindex-1452-6040.pdf.
Aydas cita un'iscrizione (numero 15) dedicata a Ecate Soteira Epifanes, grande dea locale, a nome del divinizzato Giulio Cesare, databile al 42 a.C. o poco dopo. Sull'importanza del culto della dea e la sua influenza nel periodo ellenistico in quest'area, vedi Christina G. Williamson, Urban Rituals in Sacred Landscapes in Hellenistic Asia Minor (Brill: Leiden, 2021), capitolo 5 su Network dei Festival e il Santuario di Ecate a Lagina (Caria).

108. Sulla costellazione del cane vedi W. S. Burriss, Animal Curiosities (Boston, 1923), p. 99. Sulla seiriasi, un'infiammazione delle membrane del cervello accompagnata da febbre bruciante considerata una tipica malattia delle caniculae o giorni del cane dell'estate, vedi Sorano, Ginecologia 2.55. Plinio il Vecchio (Hist. Nat. 30.135) afferma che un trattamento per questa malattia, soprattutto per i bambini che ne soffrono, è l'uso di frammenti di ossa trovati nelle feci dei cani indossati come amuleto. Si diceva che coloro che erano afflitti da questa malattia durante i giorni del cane o atrox hora caniculae, fossero astrobletos ossia "colpiti dalle stelle". Su Sirio che causa effettivamente malattie da calore, vedi Esiodo, Opere e Giorni 582-588.

www.ingramcontent.com/pod-product-compliance
Lightning Source LLC
LaVergne TN
LVHW060455061126
851857LV00016B/1844